数学の
かんどころ ㉟

確率と統計
一から学ぶ数理統計学

小林正弘・田畑耕治　著

共立出版

「数学のかんどころ」
刊行にあたって

　数学は過去，現在，未来にわたって不変の真理を扱うものであるから，誰でも容易に理解できてよいはずだが，実際には数学の本を読んで細部まで理解することは至難の業である．線形代数の入門書として数学の基本を扱う場合でも著者の個性が色濃くでるし，読者はさまざまな学習経験をもち，学習目的もそれぞれ違うので，自分にあった数学書を見出すことは難しい．山は1つでも登山道はいろいろあるが，登山者にとって自分に適した道を見つけることは簡単でないのと同じである．失敗をくり返した結果，最適の道を見つけ登頂に成功すればよいが，無理した結果諦めることもあるであろう．

　数学の本は通読すら難しいことがあるが，そのかわり最後まで読み通し深く理解したときの感動は非常に深い．鋭い喜びで全身が包まれるような幸福感にひたれるであろう．

　本シリーズの著者はみな数学者として生き，また数学を教えてきた．その結果えられた数学理解の要点（極意と言ってもよい）を伝えるように努めて書いているので読者は数学のかんどころをつかむことができるであろう．

　本シリーズは，共立出版から昭和50年代に刊行された，数学ワンポイント双書の21世紀版を意図して企画された．ワンポイント双書の精神を継承し，ページ数を抑え，テーマをしぼり，手軽に読める本になるように留意した．分厚い専門のテキストを辛抱強く読み通すことも意味があるが，薄く，安価な本を気軽に手に取り通読して自分の心にふれる個所を見つけるような読み方も現代的で悪くない．それによって数学を学ぶコツが分かればこれは大きい収穫で一生の財産と言

えるであろう.

　「これさえ摑めば数学は少しも怖くない，そう信じて進むといいで
すよ」と読者ひとりびとりを励ましたいと切に思う次第である.

編集委員会と著者一同を代表して

飯高　茂

はじめに

　筆者が高等学校に在籍していたとき，確率は数学 A で学んだが，統計学を数学 B で学んだ記憶がなく，学問として軽視をされていた傾向にあったと感じる．しかし，今日では，統計学は欠かせない分野となりつつある．現在流行りである機械学習やデータサイエンスの結果は，統計学の基礎を用いていることも多数ある．さらに，教育分野でも統計学を重視する方向となっている．高等学校の数学 I と数学 B では，2022 年度から数理統計学の基本である統計的推定と仮説検定を扱う予定となっている．大学では，文系や理系を問わずすべての大学生に，データサイエンスを教えることが推奨されてきている．さらに入試においては，大学入学共通テストでデータ分析の問題が出題されたり，大学入試のみならず，中学・高校の教員採用試験においても統計学の問題が頻出している．そのため，現在は統計学を使いこなせることが非常に重要となっている．

　しかし，統計学は非常に難しいという話をよく耳にする．それは，統計学の学問としての立ち位置が明確でないところが要因であると筆者は考えている．純粋数学の立場から述べると，統計学は応用分野であり，応用的な立場から述べると，統計学は数学であると言われており，どちらつかずの分野となっている．そのため，数学系の大学生からは，応用色が強いため理解しづらいと思われ，工学系の大学生からは，数学的な記述が多く何を学んでいるのか分から

ないと言われている．しかし，統計学は数学Ⅰや数学Bで扱う分野となっているため，本来であれば高校生でも一定の理解をすることができなければならない．そのような経緯があり，「かんどころ」シリーズにおいても初等的な統計学の本が必要であると考えられた．

　現在は，非常に多数の統計学の本が刊行されている．それらの本の形態はさまざまである．しかし，数学的な記述しかない本と応用的な記述しかない本が非常に多く，数学と応用をつなぐ本は少ないように思える．そこで，本書では数学と応用どちらにも対応できることを意識した．統計学の基本となっているのは確率論であるが，確率論についても，統計学を数学的に理解する上で最低限必要な結果を扱った．統計的推定や仮説検定において，なぜその結果が出てくるのか，詳細に記述した．また，統計がどのように使用されるのか，例を用いて詳しく解説を行った．さらに，少し難易度の高い話も加えて，統計学に触れたことがある人でも，新しいことを学べるようにした．難易度の高い部分には，文字サイズを小さくし，(∗) を付け加えた．これらは初めて読んだときに読み飛ばしても良い内容となっている．なお，問題の解答と補足は，WEB (https://sites.google.com/site/masahirokobayashiswebsite) に載せておく．

　本書は初等的な確率及び統計学の入門書である．分かり難いと言われる統計的推定や仮説検定までを詳しく説明し，応用例もたくさん取り上げた．この本が確率及び統計学を理解するための助けとなり，この分野に興味を持っていただければ，筆者にはとても喜ばしいことである．対象読者は，大学1,2年生，数理統計学を初歩から学びたい人，高等学校の数学教員を想定している．もちろん，統計学を学んだことがあり，一から学び直したい人にもおすすめしたいと思う．

最後に本書を執筆するにあたり，桑田孝泰先生に誘っていただきました．貴重な機会を与えていただきありがとうございます．本書を出版するにあたり，編集委員の先生方をはじめ，宮沢政清先生，富澤貞男先生など，たくさんの方から貴重なご意見をいただけました．特に，戸川美郎先生には，高校生や大学1,2年生が躓きやすい点や本の読みやすさに配慮した多くの有益なコメントをいただきました．また，当時大学院生だった吉本拓矢さんと篠田覚さんには，本稿の精読と演習問題の確認に尽力いただきました．竹内謙先生と豊田賢治先生には毛蟹に関する大変に貴重なデータをご提供いただきました．さらに，共立出版編集部の三浦拓馬様には大変お世話になりました．この場を借りて皆様に心より感謝を申し上げます．

2022 年初秋

小林 正弘，田畑 耕治

解答と補足の QR コード

目　　次

第 1 章

古典的確率

　高校数学において，数学 A で「事象の確率」，数学 B で「試行の結果の値の確率」について学んだ．本書ではまずそれらの復習を行い，次章以降で「確率の一般化」について議論する．なお，高校数学で扱った確率についての復習を目的とするため，本章では厳密な議論は行わないことにする．

1.1 事象の確率

　さいころを 1 回振るときに出る目を考えてみよう．さいころを振ってそのさいころが止まるまで，どの目が出るかは我々には分からない．このような場合，どの目が出るか，確率を用いて記述し，1 から 6 の目が同程度に出やすいとして，それぞれ 1/6 の確率を割り当てるのが自然である．一般的には，さいころの出る目やコインを投げるときの表・裏など，偶発的に発生する事柄に関して，起こりやすさの度合いを表すために確率が用いられる．

　不確定要素が含まれる実験や観測などを**試行** (trial) といい，試行の結果として起こりうることがらを**事象** (event) という．事象の確率は「同様に確からしい」という仮定のもと，以下のように計算される．さいころを 1 回振る試行を考える．集合 Ω（オメガと読む）を $\Omega = \{1, 2, 3, 4, 5, 6\}$ とすると，集合 Ω の要素数は $n(\Omega) = 6$ である．同様に $A = \{1\}$ とすると $n(A) = 1$ である．集合 Ω を全体として考えると，集合 A は Ω の部分集合であり

$$\frac{n(A)}{n(\Omega)} = \frac{1}{6}$$

であるため，さいころを 1 回振る試行を行なったとき 1 の目が出る確率と一致する．すなわち，確率は集合の要素数の割合であることが分かる．この例では，Ω と A が事象であり，Ω はさいころを 1 回振る試行を行なったとき，起こりうるすべての結果の集まりであることが分かる．

　起こりうるすべての結果の集まりである Ω を**全事象**という．事象 A と事象 B に対し，A または B が起こる事象を**和事象**といい，$A \cup B$ と表記する．この表記は和集合と同じ表記となるが，前述したとおり，事象の起こる場合の数は集合の要素数と考えられるため，この表記を使うことが自然である．事象 A かつ事象 B が起こ

る事象を**積事象**といい，$A \cap B$ と表記する．さらに，事象 A でない事象を A の**余事象**といい，A^c または $\overline{A}$ と表記する．このように事象に関しては，集合と同様の表記が用いられる．

以下，事象 A の確率を $\boldsymbol{P(A)}$ と表記する．

例 1.1

さいころを 1 回投げる試行を考えよう．A を「奇数の目が出る」事象とし，B を「3 の倍数の目が出る」事象とする．集合を使って表記すると，全事象 $\Omega = \{1, 2, 3, 4, 5, 6\}$，$A = \{1, 3, 5\}$，$B = \{3, 6\}$ である．よって，$A \cup B = \{1, 3, 5, 6\}$ であるので

$$P(A \cup B) = \frac{n(A \cup B)}{n(\Omega)} = \frac{2}{3}$$

を得る．

問題 1.1

例 1.1 において，A^c，B^c，$A \cap B$，$A \cup B^c$，$A^c \cap B^c$ の確率をそれぞれ求めよ．

全事象 Ω の余事象を**空事象**といい，$\emptyset$ と表記する．直感的には空事象は起こり得ない事象であり，例 1.1 に例えると「7 の目が出る」事象や「奇数かつ偶数の目が出る」事象は空事象である．確率にはいくつかの性質がある．その性質の一部を紹介しよう．

(i) 任意の事象 A に対して，$0 \leq P(A) \leq 1$.

(ii) 全事象 Ω に対して，$P(\Omega) = 1$.

(iii) $A \cap B = \emptyset$ であるとき

$$P(A \cup B) = P(A) + P(B). \tag{1.1}$$

(iii) の条件，すなわち，事象 A と B が $A \cap B = \emptyset$ を満たすとき，A と B は互いに**排反** (disjoint) であるという．また，(iii) の性質

を有限加法性という.

例 1.2

　52 枚のトランプから 1 枚のトランプを引く試行を考えよう.
A を「ハートかつ絵札 (J,Q,K) を引く」事象, B を「クロー
バーかつ数字 (1~10) を引く」事象とする. このとき, A と B
は互いに排反であり, (1.1) が成立する. 実際に計算をすると

$$P(A \cup B) = \frac{n(A \cup B)}{n(\Omega)} = \frac{13}{52},$$
$$P(A) = \frac{n(A)}{n(\Omega)} = \frac{3}{52}, P(B) = \frac{n(B)}{n(\Omega)} = \frac{10}{52}$$

であり, (1.1) が成立していることが確認できる.

問題 1.2

　例 1.2 において, 事象 A と互いに排反でありかつ, 事象 B と
互いに排反である事象を 1 つ挙げよ. さらに, 事象 A と互いに
排反であるが, 事象 B とは互いに排反でない事象を 1 つ挙げよ.

　2 つの試行の結果が互いに他方の結果に影響を及ぼさないとき,
それらの試行は互いに独立であるという. 2 つの試行 S, T に対し
て, S と T が互いに独立であるとき, S で事象 A が起こり, T で
事象 B が起こるという事象 C の確率は

$$P(C) = P(A)P(B) \tag{1.2}$$

で与えられる.

例 1.3

　さいころを 1 回振る試行 S とコインを 1 回投げる試行 T は互
いに独立である. S で起こる「1 の目が出る」事象を事象 A, T

で起こる「表が出る」事象を事象 B とすると，$P(A) = \dfrac{1}{6}, P(B)$ $= \dfrac{1}{2}$ である．よって，S で事象 A が起こり，T で事象 B が起こるという事象 C の確率は $P(C) = P(A)P(B) = \dfrac{1}{12}$ である．

例 1.3 の各事象（∗） ∿∿∿∿∿∿∿∿∿∿∿∿∿ コラム ∿∿

例 1.3 において，さいころを 1 回振る試行 S の全事象は $\Omega_1 = \{1, 2, 3, 4, 5, 6\}$ である．一方，コインを 1 回投げる試行 T の全事象は $\Omega_2 = \{h, t\}^{1)}$ である．このとき，さいころを 1 回振る試行とコインを 1 回投げる試行の全事象 Ω は，Ω_1 と Ω_2 の直積集合

$$\Omega = \Omega_1 \times \Omega_2$$
$$= \{(1, h), (1, t), (2, h), (2, t), (3, h), (3, t), (4, h),$$
$$(4, t), (5, h), (5, t), (6, h), (6, t)\}$$

で与えられる．よって，$n(\Omega)$ は $n(\Omega_1)$ と $n(\Omega_2)$ の積，$n(\Omega) = n(\Omega_1)n(\Omega_2) = 12$ である．また，S で起こる「1 の目が出る」事象 A，T で起こる「表が出る」事象 B，S で事象 A が起こり，T で事象 B が起こるという事象 C も直積集合

$$A = \{1\} \times \Omega_2 = \{(1, h), (1, t)\},$$
$$B = \Omega_1 \times \{h\}$$
$$= \{(1, h), (2, h), (3, h), (4, h), (5, h), (6, h)\},$$
$$C = \{(1, h)\}$$

で与えられ，$n(A) = 2, n(B) = 6, n(C) = 1$ である．よって，

$$P(A) = \frac{n(A)}{n(\Omega)} = \frac{1}{6}, \quad P(B) = \frac{n(B)}{n(\Omega)} = \frac{1}{2},$$
$$P(C) = \frac{n(C)}{n(\Omega)} = \frac{1}{12}$$

となり，例 1.3 の計算が成立する．一方，$C = A \cap B$ であり

---

1) heads（表）と tails（裏）の頭文字である．

$$P(A \cap B) = P(A)P(B)$$

が成立する．この式を事象の独立性という（2章の
(2.9) を参照のこと）．

　3つ以上の試行についても同様であり，それぞれの試行の結果が
互いの結果に影響を及ぼさないとき，互いに独立であるという．試
行 $T_1, T_2, \ldots, T_n$ が互いに独立であるとき，各 $i = 1, 2, \ldots, n$ に対
して，T_i で事象 A_i が起こるという事象 B の確率は

$$P(B) = P(A_1)P(A_2)\cdots P(A_n)$$

で与えられる．

例 1.4　コイン投げ

　コインを n 回投げるとする．$i = 1, 2, \ldots, n$ とし，i 回目に投
げる試行を T_i とすると，表が出るか裏が出るか，それぞれ試行
の結果が互いに影響を及ぼさないので，$T_1, T_2, \ldots, T_n$ は互いに
独立である．A_i を T_i で「表が出る」事象とすると，各 $i = 1, 2,$
$\ldots, n$ に対して，T_i で事象 A_i が起こるという事象 B の確率は

$$P(B) = P(A_1)P(A_2)\cdots P(A_n) = \frac{1}{2^n}$$

である．

問題 1.3

さいころを4回投げる試行を行う．以下を求めよ．

(1) 4回とも偶数の目が出る確率

(2) 少なくとも3回は3の倍数の目が出る確率

(3) 3種類以上の目が出る確率

1.2 確率分布

本節では，確率分布 (probability distribution) を振り返ろう．そ
のため，まず確率変数 (random variable) を導入しよう．

例 1.5

コインを 2 回投げる試行を行う．このとき，1 回目の試行を
T_1，2 回目の試行を T_2 とすると，例 1.4 より T_1 と T_2 は互いに
独立である．$i = 1, 2$ に対して，A_i を T_i で「表が出る」事象，
B_i を T_i で「裏が出る」事象とすると，$P(A_i) = P(B_i) = \dfrac{1}{2}$ で
ある．ここで，表が出る回数に注目しよう．コインを 2 回投げた
とき，表の回数は，0, 1, 2 回のいずれかである．表が 2 回である
事象は，T_1 で「表が出る」事象 A_1 が起こり，T_2 で「表が出る」
事象 A_2 が起こる事象なので，例 1.4 より

$$\text{「表が 2 回である確率」} = P(A_1)P(A_2) = \frac{1}{4}$$

を得る．同様に

$$\text{「表が 0 回である確率」} = P(B_1)P(B_2) = \frac{1}{4}$$

である．最後に表が 1 回である事象は，T_1 で「表が出る」事象
A_1 が起こり，T_2 で「裏が出る」事象 B_2 が起こる事象 C_1 と，
T_1 で「裏が出る」事象 B_1 が起こり，T_2 で「表が出る」事象 A_2
が起こる事象 C_2 の和事象 $C_1 \cup C_2$ であり，C_1 と C_2 は互いに排
反であるため，(1.1) と (1.2) より

$$\begin{aligned}
\text{「表が 1 回である確率」} &= P(C_1 \cup C_2) = P(C_1) + P(C_2) \\
&= P(A_1)P(B_2) + P(B_1)P(A_2) = \frac{1}{2}
\end{aligned}$$

を得る．これを表にすると表 1-1 となる．

表 1-1　表の回数（左）と確率との対応（右）

2回目　1回目	表	裏
表	2	1
裏	1	0

表の回数	0	1	2
確率	$\dfrac{1}{4}$	$\dfrac{1}{2}$	$\dfrac{1}{4}$

　ここで，表の回数を変数として X と置こう．この X を確率変数という．このとき，表の出る回数の確率は，(1.3) のように記述できる．

$$P(X = 0) = \frac{1}{4}, \qquad P(X = 1) = \frac{1}{2}, \quad P(X = 2) = \frac{1}{4}. \quad (1.3)$$

さらに，$i = 0, 1, 2$ に対して $P(X = i) > 0$ かつ $P(X = 0) + P(X = 1) + P(X = 2) = 1$ を満たすことも分かる．

　(1.3) のように，確率変数の値に対応した確率の集まりを確率分布という．一般的には，確率変数 X が n 個の値 $x_1, x_2, \ldots, x_n$ を取るとき，確率分布は

$$P(X = x_i) = p_i, \quad i = 1, 2, \ldots, n$$

と記述される．ただし，$p_i > 0$ $(i = 1, 2, \ldots, n)$ かつ $p_1 + p_2 + \cdots + p_n = 1$ を満たす．

表 1-2　確率分布表

確率変数 X	x_1	x_2	$\cdots$	x_n
確率	p_1	p_2	$\cdots$	p_n

例 1.6

　赤玉 2 つと白玉 3 つが入っている袋があり，袋の中から無作為に 2 つの玉を同時に取り出したとする．取り出す組は玉に番

号（赤 1〜2, 白 1〜3）がそれぞれついていると考え，取り出される 2 つの玉のセットを「赤 1 と白 1」のように表記すると

$$\Omega = \{ 赤1と赤2, 赤1と白1, 赤1と白2, 赤1と白3, 赤2と白1,$$
$$赤2と白2, 赤2と白3, 白1と白2, 白1と白3, 白2と白3\}$$

である．よって，白玉の取り出される個数に対応した確率変数を X とすると，確率分布は

$$P(X=0) = \frac{1}{10}, \quad P(X=1) = \frac{3}{5}, \quad P(X=2) = \frac{3}{10}$$

となる．

問題 1.4

例 1.6 において，赤玉の取り出される個数に対応した確率変数 Y の確率分布を求めよ．

例 1.7 コイン投げ

例 1.4 のコインを n 回投げる試行を考えよう．例 1.5 と同様に，表が出る回数に注目し，確率を求めてみよう．$i = 1, 2, \ldots, n$ に対して，X_i を i 回目に表が出たら 1，裏が出たら 0 に値を取る確率変数とする．つまり

$$P(X_i = 0) = \frac{1}{2}, \qquad P(X_i = 1) = \frac{1}{2}, \qquad i = 1, 2, \ldots, n$$

となる．$Y_n = X_1 + X_2 + \cdots + X_n$ とすると，Y_n は表の出た回数を表す確率変数となる．明らかに Y_n の取りうる値は 0 から n までである．$k = 0, 1, 2, \ldots, n$ に対して，$Y_n = k$ となる確率は，n 回中 k 回表が出て，$n - k$ 回裏が出る確率なので，どこで表が出たか組み合わせを考慮すると

$$P(Y_n = k) = {}_n\mathrm{C}_k \frac{1}{2^n} = \frac{n!}{k!(n-k)!} \frac{1}{2^n}, \qquad k = 0, 1, 2, \ldots, n.$$

例 1.7 のような試行をベルヌーイ試行 (Bernoulli trial) または反復試行といい，Y_n の確率分布を二項分布 (binomial distribution) という．一般には，1 回の試行での生起確率を p（ただし，$0 < p < 1$），すなわち

$$P(X_i = 0) = 1 - p, \qquad P(X_i = 1) = p, \qquad i = 1, 2, \ldots, n$$

としたとき，ベルヌーイ試行における確率変数 $Y_n = X_1 + X_2 + \cdots + X_n$ の確率分布は

$$P(Y_n = k) = {}_n\mathrm{C}_k p^k (1 - p)^{n-k}, \qquad k = 0, 1, 2, \ldots, n$$

で与えられる．

問題 1.5

$p = \dfrac{1}{3}, n = 5$ としたときの Y_n の確率分布を求めよ．

1.3 平均と分散

例 1.5 を考えよう．このとき，X の平均 (mean)$E(X)$ は以下のように計算することができる．

$$E(X) = \sum_{i=0}^{2} iP(X = i) = 0 \times \frac{1}{4} + 1 \times \frac{1}{2} + 2 \times \frac{1}{4} = 1.$$

つまり，確率変数 X の取りうる値と確率の積の総和によって平均は計算される．

コインを 2 回投げる試行において，コインの表が出る回数の平均 $E(X)$ が 1 であり，コインを 2 回投げれば，1 回程度表が出ることが期待されるという解釈が可能である．平均は確率変数の特徴

を捉えるものであり，統計学で最も重要な指標の一つである．一般に，確率分布が表 1-2 のように与えられるとすると，平均 $E(X)$ は

$$E(X) = x_1 p_1 + x_2 p_2 + \cdots + x_n p_n = \sum_{i=1}^{n} x_i p_i$$

で計算できる．

問題 1.6

例 1.6 において，白玉の取り出される個数の平均と赤玉の取り出される個数の平均をそれぞれ求めよ．

また，確率変数 X に対して，分散 (variance) も大事な指標の一つである．X の分散を $V(X)$ とすると

$$V(X) = \sum_{i=1}^{n} (x_i - E(X))^2 p_i$$

である．分散は平均からのばらつきを表す指標であり，X の分散が小さければ，X は平均付近に分布している傾向があり，分散が大きいと平均からのばらつきが大きい傾向がある．

例 1.8

例 1.5 を考えよう．先程計算したとおり，$E(X) = 1$ である．よって，分散 $V(X)$ は

$$\begin{aligned}
V(X) &= \sum_{i=0}^{2} (i - E(X))^2 p_i \\
&= (0-1)^2 \times \frac{1}{4} + (1-1)^2 \times \frac{1}{2} + (2-1)^2 \times \frac{1}{4} \\
&= \frac{1}{4} + \frac{1}{4} = \frac{1}{2}
\end{aligned}$$

である．

問題 1.7

(1) 例 1.6 において，白玉の取り出される個数の分散と赤玉の取り出される個数の分散をそれぞれ求めよ．

(2) 二項定理 $(a+b)^n = \displaystyle\sum_{k=0}^{n} {}_n\mathrm{C}_k a^k b^{n-k}$ を用いて，$p = \dfrac{1}{2}$ のときの二項分布の平均と分散を求めよ．

　本章では，確率における高校数学の復習の一部として，確率と確率分布に触れた．しかし，高校数学での確率は，全事象 Ω が有限集合であり，確率変数 X の取りうる値も有限集合に限った話である．有限集合ではなく，可算濃度や非可算濃度の集合，つまり無限集合であった場合，確率は計算できるであろうか．そのためには，確率の定義を一般化することが必要となる．無限集合に対する確率は「ポアソン分布」や「正規分布」などで現れ，特に，統計学では「連続型の確率分布」である正規分布が非常に重要な役割を果たす．

第 2 章

確率変数と確率分布

　事象とはどのような性質をもつか，確率の定義はどのような
ものか．本章では，事象と確率を簡単に解説するとともに，確
率変数や確率分布の概念を紹介する．なお，本書の確率分野に
ついては，推測統計の基本を理解するための最低限必要な知
識を載せる．そのため，厳密な議論は行わない場合がある．確
率を深く理解したい場合は，確率論分野の参考文献 [12]-[21]
を参照されたい．

2.1 事象と確率
....

確率はある事象があり，その事象がどの程度起こりやすいかを表す数である.

例 2.1

さいころを1回投げる試行を考える. このとき，「1の目が出る」，「2の目が出る」は事象であり，それぞれの確率は1/6である. また，「1または2の目が出る」も事象であり確率は1/3となる.

以下，事象の性質を述べていこう. 例えば，例2.1から考えると

「1の目が出る」と「2の目が出る」が事象

⇒「1または2の目が出る」も事象

が予想できる. 同じ主張を集合を用いて一般化すると

集合 A と B が事象 ⇒ 和集合 $A \cup B$ も事象

である. このように，事象の記述には集合を用いるとよい. 事象は以下の3つの性質を満たす.

(i) 起こりうるすべての結果の集まりである，全事象 Ω が存在する.

(ii) $A(\subset \Omega)$ が事象ならば，A の補集合 A^c も事象である.

(iii) $A_1, A_2, \ldots (\subset \Omega)$ が事象ならば，$\bigcup_{i=1}^{\infty} A_i$ も事象である.

以下，集合の記号を使って，もう少し具体的に例2.1の内容を説明しよう. 例2.1において，(i) の全事象 Ω は「1から6の目のいずれかが出る」であり，$\Omega = \{1, 2, 3, 4, 5, 6\}$ である. (ii) は $A = \{1\}$（1の目が出る）は事象であるので，その補集合である $A^c =$

$\{2,3,4,5,6\}$（2 から 6 の目のいずれかが出る）も事象であること
などを表している．(iii) は $A_1 = \{2\}$（2 の目が出る），$A_2 = \{4\}$
（4 の目が出る），$A_3 = \{6\}$（6 の目が出る）が事象であるので，
$A_1 \cup A_2 \cup A_3 = \{2,4,6\}$（偶数の目が出る）も事象であるなどを意
味している．

　ここで，A と B が事象であるとき，A と B の積集合 $A \cap B$ が事
象になるかどうか考えてみよう．A と B が事象であるときは，(ii)
より A^c と B^c も事象である．よって，(iii) より $A^c \cup B^c$ も事象で
あり，再び (ii) より $(A^c \cup B^c)^c$ も事象である．ここで，ド・モルガ
ンの法則より

$$(A^c \cup B^c)^c = (A^c)^c \cap (B^c)^c = A \cap B$$

であるので，A,B が事象ならば，$A \cap B$ も事象である．これを積
事象という．同様にして，$A_1, A_2, \ldots$ が事象であれば，$\bigcap_{i=1}^{\infty} A_i$ も
事象であることが分かる．また，差集合 $B \setminus A = B \cap A^c$ や対称差
集合 $A\Delta B = (A \setminus B) \cup (B \setminus A)$ など多くの集合が事象となること
が示せる．(ii) より，Ω の補集合も事象であり，空事象という．空
事象を $\emptyset (= \Omega^c)$ と表記する．空事象は，直感的には起こり得ない
結果を表す．
　事象を述べたことにより，確率を定義することができる．確率が
満たすべき性質は以下に帰着される．

定義 2.1

　以下を満たす P を **確率** (probability) もしくは **確率測度**
(probability measure) という．

(i)　全事象 Ω に対して $P(\Omega) = 1$.

(ii)　任意の事象 A に対して $P(A) \geq 0$.

(iii) 事象 $A_1, A_2, \ldots$ の任意の積事象が空事象，すなわち

$A_i \cap A_j = \emptyset (i, j = 1, 2, \ldots; i \neq j)$ であるとき，以下を満たす．

$$P\left(\bigcup_{i=1}^{\infty} A_i\right) = \sum_{i=1}^{\infty} P(A_i). \tag{2.1}$$

定義 2.1 の (iii) における条件を $A_1, A_2, \ldots$ は互いに排反 (disjoint) もしくは互いに素であるという．

(i)-(iii) について，例 2.1 と同様にさいころの例を考えてみよう．

例 2.2

例 2.1 において，全事象は $\Omega = \{1, 2, 3, 4, 5, 6\}$ であり，さいころを投げれば 1 から 6 の目のいずれかが必ず出るので，$P(\Omega) = 1$ であり，(i) を満たす．$A_k = \{k\}$ ($k = 1, 2, 3, 4, 5, 6$) とすると，$P(A_k) = \dfrac{1}{6} \geq 0$ であり，(ii) を満たす．また例えば，A_1 と A_4 は，$A_1 \cap A_4 = \emptyset, P(A_1 \cup A_4) = \dfrac{1}{3} = P(A_1) + P(A_4)$ であり（有限和ではあるが）(iii) の (2.1) を満たす．

次に定義 2.1 から導かれる確率 P についての性質を列挙する．

$$P(A^c) = 1 - P(A). \tag{2.2}$$

$$P(\emptyset) = 0. \tag{2.3}$$

$$A \subset B \Rightarrow P(B \setminus A) = P(B) - P(A), \quad P(A) \leq P(B). \tag{2.4}$$

$$P(A \cup B) = P(A) + P(B) - P(A \cap B). \tag{2.5}$$

(2.2) を証明してみよう．A^c は A の補集合なので，$A \cup A^c = \Omega$ であり，A と A^c は互いに排反である（$A \cap A^c = \emptyset$）．よって，確率の定義 (i) と (iii) より

$$1 = P(\Omega) = P(A \cup A^c) = P(A) + P(A^c)$$

となり (2.2) が導かれた.

問題 2.1

(1) (2.3)-(2.5) を定義 2.1 の (i)-(iii) 及び (2.2) を使って示せ.

(2) 任意の事象 A に対して, $P(A) \leq 1$ を示せ.

では高校数学では現れない, 無限集合に対する確率を考えよう.

例 2.3

ダーツを考えてみよう. ただし, ダーツの的は縦と横の長さが 2 の正方形であるとしよう. 簡単のため, この正方形に対して左下の点が $(0, 0)$ となるように座標平面を与える. このとき, 左上, 右下, 右上の座標はそれぞれ $(0, 2), (2, 0), (2, 2)$ であることが分かる. このダーツの的に対して, どの点も均等にダーツが刺さるような確率を定義していこう. ただし, ダーツの先端は限りなく小さいものとする. 全事象は

$$\Omega = \{(x, y) | 0 \leq x \leq 2, 0 \leq y \leq 2\}$$

である. $A \subset \Omega$ に対して, A の面積を $\mathrm{Area}(A)$ で表す. さらに, 任意の事象 A に対して, 確率を

$$P(A) = \frac{\mathrm{Area}(A)}{\mathrm{Area}(\Omega)} = \frac{\mathrm{Area}(A)}{4}$$

とする. このように定義すれば, 面積が同じであれば確率も同じとなるため, どの点も均等に確率が振り分けられていることが分かる. さらに, 確率の定義である (i)-(iii) を満たすことも確認できる. $A = \Omega$ とすると, $P(\Omega) = 1$ を得る. また, 面積は必ず 0 以上なので, $A \subset \Omega$ に対して, $P(A) \geq 0$ である. ここで

$$A_i = \left\{ (x, y) \left| 1 - \frac{1}{2^{i-1}} \leq x < 1 - \frac{1}{2^i}, 0 \leq y \leq 1 \right. \right\}, \quad i = 1, 2, 3 \ldots$$

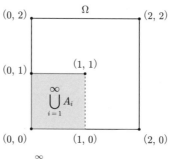

図 **2-1** $\displaystyle\bigcup_{i=1}^{\infty} A_i$ について（点線は含まず）

とする．このとき，A_1 に属する点の x 座標は $0 \leq x < \dfrac{1}{2}$，A_2 に属する点の x 座標は $\dfrac{1}{2} \leq x < \dfrac{3}{4}$，$A_3$ に属する点の x 座標は $\dfrac{3}{4} \leq x < \dfrac{7}{8}$ を満たす．このように，$A_1, A_2, A_3, \ldots$ は互いに排反であり

$$
\bigcup_{i=1}^{\infty} A_i = \bigcup_{i=1}^{\infty} \left\{ (x,y) \,\middle|\, 1 - \frac{1}{2^{i-1}} \leq x < 1 - \frac{1}{2^i}, 0 \leq y \leq 1 \right\}
$$
$$
= \{(x,y) | 0 \leq x < 1, 0 \leq y \leq 1\}
$$

となる（図 2-1 も参照のこと）．その面積は縦と横の長さが 1 である正方形の面積と同じであり

$$
\mathrm{Area}\left(\bigcup_{i=1}^{\infty} A_i\right) = 1
$$

を得る．すなわち

$$
P\left(\bigcup_{i=1}^{\infty} A_i\right) = \frac{1}{4}
$$

である．同様にして，A_i の面積は縦の長さが 1，横の長さが $1/2^i$ の長方形の面積と同じで

$$\text{Area}\,(A_i) = \frac{1}{2^i}, \qquad i = 1, 2, 3, \ldots$$

のため，無限等比級数の和から

$$\sum_{i=1}^{\infty} P(A_i) = \frac{1}{4}\sum_{i=1}^{\infty}\frac{1}{2^i} = \frac{1}{4} = P\left(\bigcup_{i=1}^{\infty} A_i\right)$$

を得る．すなわち，この例においても，確率の定義の (iii) が成立していることが分かる．また，1 点 $\{(a,b)\}$ の面積は 0 であるため，1 点に刺さる確率は 0 となる．

確率 0 とは？ ～～～～～～～～～～～～～～～～ コラム ～～～

　例 2.3 において，1 点に刺さる確率は 0 であることが分かったが，必ずどこかに刺さることを仮定している．これらのことは一見矛盾しているように見える．しかし，確率の定義 (i)-(iii) を満たすようにすればよいので，個々の起こりうる確率については非負の値であればよい．そのため，個々の確率は 0 でも，起こりうる結果の全体の確率が 1 となるようなものは作ることができる．例 2.3 は「連続型の確率分布」の一例である．理解するためには，個々の確率は 0 でも集めると正の値となる，すなわち「塵も積もれば山となる」という考え方が大事である．

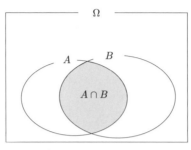

図 2-2　(2.5) の解釈

　例 2.3 のように確率は「面積」と捉えることもでき，(2.1)-(2.5)
は直感的な解釈をすることができる．例えば，図 2-2 では A と B
が重なっており，A の面積と B の面積の和は，A と B の重なりで
ある部分 $A \cap B$ の面積を 2 重に足しているため，減算すると $A \cup B$
の面積となる．すなわち (2.5) が成立する．
　また，確率の大事な性質として「確率の連続性」というものがあ
る．まず集合の極限について定義を行う．

定義 2.2

　集合列 $\{A_1, A_2, \dots\}$ が

$$\bigcap_{n=1}^{\infty} \bigcup_{i=n}^{\infty} A_i = \bigcup_{n=1}^{\infty} \bigcap_{i=n}^{\infty} A_i$$

を満たすとき，$\{\boldsymbol{A_1}, \boldsymbol{A_2}, \dots\}$ の極限が存在するといい，そ
の極限を

$$\lim_{n \to \infty} A_n = \bigcap_{n=1}^{\infty} \bigcup_{i=n}^{\infty} A_i = \bigcup_{n=1}^{\infty} \bigcap_{i=n}^{\infty} A_i$$

とする．

以下の定理が確率の連続性である.

定理 2.1

事象列 $\{A_1, A_2, \ldots\}$ の極限が存在するとき

$$P\left(\lim_{n \to \infty} A_n\right) = \lim_{n \to \infty} P(A_n). \qquad (2.6)$$

　本書では, 定理 2.1 の証明は省略する. 詳細は [20, 21] などを参照されたい. (2.6) について, 左辺は事象列 $\{A_1, A_2, \ldots\}$ の極限の確率であり, 右辺は確率の数値 $P(A_i)$ の数列 $\{P(A_1), P(A_2), \ldots\}$ の極限の計算となっている. 事象列が単調列, すなわち単調増加 $(A_1 \subset A_2 \subset \cdots)$ もしくは単調減少 $(A_1 \supset A_2 \supset \cdots)$ のときは, 極限が必ず存在するため, 以下の補題を得る.

補題 2.1

事象列 $\{A_1, A_2, \ldots\}$ が単調列ならば, (2.6) が成立する.

問題 2.2

　例 2.3 において,

$$B_n = \left\{(x, y) \,\middle|\, 0 \le x \le 1 - \frac{1}{n}, 0 \le y \le 2 - \frac{1}{n}\right\}, \quad n = 1, 2, \ldots$$

としたとき, (2.6) が成立していることを確かめよ.

2.2　条件付き確率とベイズの定理

ベイズ統計の元になる条件付き確率の定義を紹介する.

定義 2.3

A, B を事象とし，$P(B) > 0$ とする．このとき

$$\frac{P(A \cap B)}{P(B)}$$

を，事象 B が与えられたもとでの事象 A の条件付き確率
(conditional probability) といい，$P(A|B)$ と表記する．

以下，$P(A|B)$ を単に条件付き確率ということにする．条件付き
確率は事象 B の中での A の割合と捉えることができ，事象 B が
確率 1 で起こるように調整している．実際に $A = B$ とすると

$$P(B|B) = \frac{P(B \cap B)}{P(B)} = 1.$$

また，条件付き確率は定義 2.1 の (i)-(iii) を満たす．

問題 2.3

条件付き確率が定義 2.1 の (i)-(iii) を満たすことを確認せよ．

n を正の整数とし，$i = 1, 2, \ldots, n$ に対して事象 B_i が互いに排
反で $\Omega = \bigcup_{i=1}^{n} B_i$ を満たすとする．このとき各 i に対して，$P(B_i)$
> 0 ならば

$$P(A) = \sum_{i=1}^{n} P(A|B_i)P(B_i) \tag{2.7}$$

が成立する．(2.7) を全確率の公式という．

問題 2.4

(2.7) を示せ．

例 2.4 **くじを引く順番**

1 枚の当たりくじと 2 枚のはずれくじがあり，3 人が 1 枚ずつ引くとする．ただし，引いたくじは戻さないとする．このとき，何回目にくじを引くと当たりやすいか考える．「1 回目に当たりくじを引く」事象を A_1，「2 回目に当たりくじを引く」事象を A_2，「3 回目に当たりくじを引く」事象を A_3 とする．まず，$P(A_1) = \dfrac{1}{3}$ であり，「1 回目にはずれくじを引く」事象は A_1^c なので，(2.2) より $P(A_1^c) = 1 - P(A_1) = \dfrac{2}{3}$ である．次に事象 A_2 の確率を考える．事象 A_1 が与えられたもと，すなわち 1 回目に当たりくじを引いたもとでは，当たりくじがないため，確率は 0 である．これを条件付き確率を使って表すと

$$P(A_2|A_1) = 0$$

である．逆に A_1^c が与えられたもと，すなわち 1 回目にはずれくじを引いたもとでは，当たりくじ 1 枚とはずれくじ 1 枚なので，確率は $\dfrac{1}{2}$ である．これも条件付き確率を使って表すと

$$P(A_2|A_1^c) = \dfrac{1}{2}$$

である．$A_1 \cup A_1^c = \Omega$ かつ A_1 と A_1^c は互いに排反（$A_1 \cap A_1^c = \emptyset$）なので，全確率の公式 (2.7) より

$$P(A_2) = P(A_2|A_1)P(A_1) + P(A_2|A_1^c)P(A_1^c) = \dfrac{1}{3}$$

であり，$P(A_1) = P(A_2) = \dfrac{1}{3}$ である．同様に計算すると $P(A_3) = \dfrac{1}{3}$ を得るので，どの順番で引いても当たる確率は変わらないことが分かる．

問題 2.5

例 2.4 で，$P(A_2)$ と同様に計算して $P(A_3) = \dfrac{1}{3}$ になることを確かめよ．

例 2.4 の各事象（*）〜〜〜〜〜〜〜〜〜〜〜〜〜〜〜〜 コラム 〜〜

例 2.4 の事象について考えよう．当たりを 1，はずれを 0 としよう．このとき，例 2.4 の全事象は

$$\Omega = \{(1,0,0),(0,1,0),(0,0,1)\}$$

であり，同様に確からしい．また，2 回目に当たりを引く事象は

$$A_2 = \{(0,1,0)\}$$

である．よって，2 回目に当たりを引く確率は，$P(A_2)$ $= n(A_2)/n(\Omega) = 1/3$ と計算することもできる．一方

$$P(A_2|A_1) = \frac{P(A_1 \cap A_2)}{P(A_1)} = \frac{n(\emptyset)}{n(\{1,0,0\})} = 0,$$

$$P(A_2|A_1^c) = \frac{P(A_1^c \cap A_2)}{P(A_1^c)} = \frac{n(\{(0,1,0)\})}{n(\{(0,1,0),(0,0,1)\})}$$

$$= \frac{1}{2}$$

であり，条件付き確率も計算できる．

以下の定理がベイズ統計の元になる定理である．

定理 2.2　ベイズの定理

$j = 1,2,\ldots,n$ に対して各事象 B_j は互いに排反で，$\Omega = \bigcup_{j=1}^{n} B_j, P(B_j) > 0$ を満たすとする．このとき，事象 A が $P(A) > 0$ ならば，以下の式が成立する．

$$P(B_j|A) = \frac{P(A|B_j)P(B_j)}{\sum_{i=1}^{n} P(A|B_i)P(B_i)}. \tag{2.8}$$

問題 2.6

定理 2.2 を示せ.

例 2.5

袋 A と袋 B があり, 袋 A には赤玉が 4 個, 白玉が 3 個, 袋 B には赤玉が 2 個, 白玉が 2 個入っている. 袋を 1 つランダムに選択し (すなわち, 確率 $\frac{1}{2}$ でそれぞれの袋を選択する), 1 つ玉を取り出したところ, 赤玉であった. このとき, 選択した袋の確率が変化するかどうか計算をしてみよう. 事象を以下のように与える.

- 袋 A を選択する事象を A.
- 袋 B を選択する事象を B.
- 赤玉を取り出す事象を R.
- 白玉を取り出す事象を W.

求めたい確率は, 赤玉を取り出す条件のもとで, それぞれの袋を選択した確率, すなわち $P(A|R)$ と $P(B|R)$ である. まず $P(A)$ $= P(B) = \frac{1}{2}$ であり, 赤玉を確認する前のそれぞれの袋を選択した確率となる. ここで袋 A が選択された条件のもとでは, 赤玉 4 個, 白玉 3 個なので

$$P(R|A) = \frac{4}{7}, \qquad P(W|A) = \frac{3}{7}.$$

同様に

$$P(R|B) = \frac{1}{2}, \qquad P(W|B) = \frac{1}{2}.$$

$\Omega = A \cup B, A \cap B = \emptyset$ かつ $P(A), P(B) > 0$ であるので, 定理 2.2 の (2.8) より

$$P(A|R) = \frac{P(R|A)P(A)}{P(R|A)P(A) + P(R|B)P(B)} = \frac{8}{15}$$

である．さらに

$$P(B|R) = \frac{P(R|B)P(B)}{P(R|A)P(A) + P(R|B)P(B)} = \frac{7}{15}$$

であるので，赤玉を取り出した情報から，袋を選択した確率が変化することが分かる．

例 2.5 から，赤玉を確認すると，袋 A を選択した確率が高くなる．つまり，「情報が追加される」ことによって，確率が変化することが確認できる．情報が追加される前の確率を**事前確率** (prior probability) といい，情報が追加された後の確率を**事後確率** (posterior probability) という．例 2.5 では，各袋を選択する確率 $P(A)$ と $P(B)$ は事前確率であり，赤玉を取り出した情報を加えた $P(A|R)$ と $P(B|R)$ は事後確率である．「情報」と「確率」は密接に関わっており，情報により確率が変化する事実は，統計学への応用上非常に重要である．

問題 2.7

例 2.5 において，取り出した玉が白玉であったとき，それぞれの袋を選択した確率を求めよ．

次に，事象 A と B が互いに独立であるという概念を紹介する．

定義 2.4

A, B を事象とする．このとき

$$P(A \cap B) = P(A)P(B) \tag{2.9}$$

を満たすとき，事象 A と B は**互いに独立** (mutually independent) であるという．

独立性の同値条件として以下の補題が知られている.

補題 2.2

$P(B) > 0$ ならば，(2.9) と (2.10) は同値である.

$$P(A|B) = P(A). \qquad (2.10)$$

よって，$P(B) > 0$ ならば (2.10) を独立性の定義とみなしてもよい. さらに，A と B が互いに独立ならば，(2.2) と (2.4) より

$$P(A^c)P(B) = (1 - P(A))P(B) = P(B) - P(A \cap B)$$
$$= P(B \setminus (A \cap B)) = P(A^c \cap B)$$

であり，A^c と B も互いに独立であることが分かる.

問題 2.8

以下の問いに答えよ.

(1) 補題 2.2 を示せ.

(2) $P(A) = 0$ である事象 A は，任意の事象と互いに独立であることを示せ.

問題 2.9

事象 A と B が互いに独立ならば，A^c と B^c も互いに独立であることを示せ.

また，3つの事象 A_1, A_2, A_3 が

$$P(A_1 \cap A_2) = P(A_1)P(A_2),$$

$$P(A_2 \cap A_3) = P(A_2)P(A_3),$$

$$P(A_3 \cap A_1) = P(A_3)P(A_1),$$

$$P(A_1 \cap A_2 \cap A_3) = P(A_1)P(A_2)P(A_3)$$

を満たすとき，A_1, A_2, A_3 が互いに独立であるという.

例 2.6

　例 2.4 と同じく，当たりが1つ，はずれが2つのくじについて考える. ただし，引いたくじは元に戻すとする. このとき，$P(A_1) = \dfrac{1}{3}$, $P(A_1^c) = \dfrac{2}{3}$ となることは変わりない. さらに，1回目に引いたくじを戻すため，2回目も当たりくじ1つ，はずれくじ2つの状況となるため $P(A_2) = \dfrac{1}{3}$ であり，例 2.4 と値は変わらない. しかし，戻す作業により，1回目の結果に関わらず，事象 A_2 の確率が変化しない. つまり，$P(A_2|A_1) = \dfrac{1}{3} = P(A_2)$ を満たすので，補題 2.2 より A_1 と A_2 は互いに独立である. 同様にして，A_1, A_2, A_3 も互いに独立であることが言える.

問題 2.10

　例 2.6 の A_1, A_2, A_3 が互いに独立であることを確認せよ.

注意 2.1

　例 2.6 では A_1, A_2, A_3 は互いに独立であったが，例 2.4 では A_1, A_2, A_3 は互いに独立ではなく互いに排反である. これらは異なる概念であることに注意しよう.

例2.6の各事象（＊） ～～～～～～～～～～～～～～～ コラム ～～

例2.6の事象について考えよう．例2.4と同様，当たりを1，はずれを0としよう．このとき，例2.6の全事象は

$$\Omega = \{(0,0,0),(1,0,0),(0,1,0),(0,0,1),(1,1,0),$$
$$(1,0,1),(0,1,1),(1,1,1)\}$$

であり，2回目に当たりを引く事象は

$$A_2 = \{(0,1,0),(1,1,0),(0,1,1),(1,1,1)\}$$

なので，例2.4とは異なることが分かる．さらに，$P(A_2) \neq n(A_2)/n(\Omega)$ である．当たりを引く事象とはずれを引く事象は，（Ω を上のように定義すると）「同様に確からしい」という仮定を満たさない（確率は定義2.1の (i)-(iii) を満たせばよい！！）．例2.6では，確率が以下のように与えられている．

$$P(\{0,0,0\}) = \frac{8}{27},$$
$$P(\{1,0,0\}) = P(\{0,1,0\}) = P(\{0,1,0\}) = \frac{4}{27},$$
$$P(\{1,1,0\}) = P(\{1,0,1\}) = P(\{0,1,1\}) = \frac{2}{27},$$
$$P(\{1,1,1\}) = \frac{1}{27}.$$

よって，$P(A_2) = P(A_2|A_1) = \frac{1}{3}$ を得る．

問題2.11

コインを2回投げる試行を考える．A_1 を「1回目に表が出る」事象，A_2 を「2回目に裏が出る」事象，A_3 を「1,2回目とも表または1,2回目とも裏である」事象とする．このとき，以下を確認せよ．

(i) A_1 と A_2 が互いに独立であるかどうか．

(ii) A_1 と A_3 が互いに独立であるかどうか．

(iii) A_1, A_2, A_3 が互いに独立であるかどうか．

独立性の一般化　〜〜〜〜〜〜〜〜〜〜〜〜〜〜〜　コラム　〜〜

n をある正の整数とし，$A_1, A_2, \ldots, A_n$ が互いに独立であるとは，空集合でない任意の $\Lambda \subset \{1, 2, \ldots, n\}$ に対して

$$P\left(\bigcap_{i \in \Lambda} A_i\right) = \prod_{i \in \Lambda} P(A_i)$$

が成立することである．また，$A_1, A_2, \ldots$ に対して，任意の有限個の事象が互いに独立である場合，$A_1, A_2, \ldots$ が互いに独立であるという．

2.3　確率変数と確率分布

　以下では，1章でも扱った確率変数を定義する．確率変数を定義することによって，事象をあたかも実数のように扱うことができる．以降，実数全体の集合を $\mathbb{R}$ と表記する．

定義 2.5

　Ω から $\mathbb{R}$ への関数 $X = X(\omega)$ と任意の実数 x に対して

$$\{\omega \in \Omega | X(\omega) \leq x\}$$

が事象となるとき，X を**確率変数** (random variable) という[1]．

例 2.7

　さいころを1回投げる試行を考える．全事象は，$\Omega = \{1, 2, 3, 4, 5, 6\}$ であり，X を以下のように定義する．

---

[1]　より正確には，任意の x に対して，$\{\omega \in \Omega | X(\omega) \leq x\}$ が可測集合であるとき，X を確率変数というが，本書では定義 2.5 として扱う．

$$X(\omega) = \omega, \qquad \omega = 1, 2, 3, 4, 5, 6.$$

X は Ω から $\mathbb{R}$ への関数である．また，例えば

$$\{\omega \in \Omega | X(\omega) \le 2\} = \{\omega \in \Omega | X(\omega) = 1 \text{ または } X(\omega) = 2\} = \{1, 2\}$$

となり，$\{1, 2\}$ は「1 もしくは 2 の目が出る」事象であるため，$\{\omega \in \Omega | X(\omega) \le 2\}$ は事象となる．同様にすると，任意の実数 x に対して $\{\omega \in \Omega | X(\omega) \le x\}$ は事象であることが確認できるため，X が確率変数であることが分かる．

例 2.8

$a \in \mathbb{R}$ を定数とする．このとき，任意の実数 x に対して

$$\{\omega \in \Omega | a \le x\} = \begin{cases} \emptyset, & x < a, \\ \Omega, & x \ge a \end{cases}$$

であり，$\emptyset, \Omega$ は事象なので，定数 a は確率変数でもある．

例 2.9　定義関数

A を事象とし，Ω から $\mathbb{R}$ の関数 $1_A(\omega)$ を

$$1_A(\omega) = \begin{cases} 1, & \omega \in A, \\ 0, & \omega \in A^c \end{cases} \tag{2.11}$$

とすると，1_A は確率変数となる．(2.11) を満たす $1_A(\omega)$ を定義関数という．

問題 2.12

例 2.9 の定義関数が確率変数となることを示せ．

確率変数について，以下では略記

$$\{\omega \in \Omega | X(\omega) \leq x\} = \{X \leq x\}, \quad \{\omega \in \Omega | X(\omega) = x\} = \{X = x\}$$

などを使用する．X, Y を確率変数，α, β を実数としたとき

$$\alpha X + \beta Y, \quad XY, \quad X^2, \quad e^X, \quad \max\{X, Y\}$$

などはすべて確率変数となる．

補題 2.3

X を Ω から $\mathbb{R}$ への関数とする．以下の条件は同値である．

(i) X が確率変数である．

(ii) 任意の実数 x に対して，$\{X < x\}$ が事象である．

(iii) 任意の実数 x に対して，$\{X \geq x\}$ が事象である．

(iv) 任意の実数 x に対して，$\{X > x\}$ が事象である．

補題 2.3 により，任意の実数 a, b（ただし，$a \leq b$）に対して

$$\{X = a\} = \{X \leq a\} \setminus \{X < a\},$$

$$\{a \leq X \leq b\} = \{X \geq a\} \cap \{X \leq b\},$$

$$\{a < X \leq b\} = \{X > a\} \cap \{X \leq b\},$$

$$\{a \leq X < b\} = \{X \geq a\} \cap \{X < b\}$$

であることから，これらも事象となり，確率変数に関する様々な確率を与えることができる．

例 2.10

例 2.7 を考える．「1 の目が出る」事象は $\{1\}$ であり，確率変数を使うと，$\{1\} = \{X = 1\} = \{X \leq 1\}$ なので

$$P(\{1\}) = P(\{X = 1\}) = P(\{X \leq 1\}) = \frac{1}{6}.$$

慣例的に，確率変数を用いた確率は以下のように表記する．

$$P(\{X = x\}) = P(X = x), \qquad P(\{X \leq x\}) = P(X \leq x).$$

このように表現すると，ω のみならず集合であることを意識せずに扱うことができる．それぞれの式は「X が x である確率」や「X が x 以下である確率」などという．

次に確率分布 (probability distribution) を定義する．$P(X \leq x)$ を x を変数とした関数として捉えることにより，確率分布が定義される．

定義 2.6

X を確率変数とし，$\mathbb{R}$ から $\mathbb{R}$ への関数 $F(x)$ を

$$F(x) = P(X \leq x), \qquad x \in \mathbb{R}$$

とする．$F(x)$ を **分布関数** (cumulative distribution function) といい，確率変数 X は **分布 F に従う**，もしくは確率変数 X が分布 F を持つという．

分布関数は

(F1) $\displaystyle \lim_{x \to -\infty} F(x) = 0, \lim_{x \to \infty} F(x) = 1$

(F2) $F(x)$ は右連続関数である．すなわち，任意の $x_0 \in \mathbb{R}$ に対して，$\displaystyle \lim_{x \to x_0 + 0} F(x) = F(x_0)$ が成立する

(F3) $F(x)$ は単調非減少関数である．すなわち，任意の $x, y \in \mathbb{R}$ に対して $x \leq y$ ならば，$F(x) \leq F(y)$

を満たす．(F1) より分布関数 $F(x)$ は増加する点が必ず存在する．分布関数 $F(x)$ の特徴付けとして，代表的なものが **離散型確率分布** (discrete probability distribution) と **連続型確率分布** (continuous probability distribution) である．

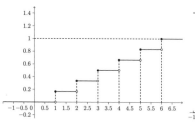
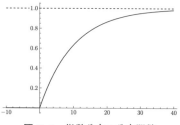

図 2-3　離散型一様分布の分布関数　　**図 2-4**　指数分布の分布関数

定義 2.7

　分布関数 $F(x)$ の増加する点の集合が高々可算であるとき，離散型であるといい，確率変数を離散型確率変数という．一方，分布関数 $F(x)$ が連続であるとき，連続型であるといい，確率変数を連続型確率変数という．

例 2.11 ｜ 離散型分布

　n を正の整数，確率変数 X が以下の分布 F に従うとする．

$$
F(x) = \begin{cases} 0, & x < 1, \\ \dfrac{k}{n}, & k \le x < k+1, k = 1, 2, \ldots, n-1, \\ 1, & x \ge n. \end{cases}
$$

この分布をパラメータ n の離散型一様分布という．$n = 6$ とすれば，例 2.7 の分布関数（さいころを 1 回投げたときの確率分布）を表し，分布関数 $F(x)$ の概形は図 2-3 となる．

例 2.12 ｜ 連続型分布

　λ（ラムダと読む）を正の定数とする．確率変数 X が以下の分布 F に従うとする．

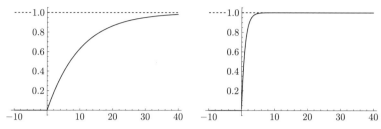

図 2-5　パラメータによる違い（例 2.12，左図：$\lambda = 1/10$，右図：$\lambda = 1$）

$$F(x) = \begin{cases} 1 - e^{-\lambda x}, & x \geq 0, \\ 0, & x < 0. \end{cases}$$

分布関数 $F(x)$ が連続であるので，X は連続型確率変数である．この分布をパラメータ λ の指数分布という．$\lambda = \dfrac{1}{10}$ における分布関数 $F(x)$ の概形は図 2-4 となる．

　ここで，確率・統計における「パラメータ」または「母数」は分布の特徴づけの 1 つである．例えば，例 2.12 の指数分布では，$\lambda = \dfrac{1}{10}$ と $\lambda = 1$ で分布関数 $F(x)$ が異なる（図 2-5）．

　例 2.11 と例 2.12 では，$F(x)$ が分布関数であることを示してはいない．$F(x)$ が分布関数であることを示すためには，(F1)-(F3) を確認すればよい．実際，例 2.12 のパラメータ λ の指数分布では，$\lambda > 0$ より

$$\lim_{x \to -\infty} F(x) = 0, \qquad \lim_{x \to \infty} F(x) = \lim_{x \to \infty} (1 - e^{-\lambda x}) = 1$$

である．$x = 0$ でも連続なので，（右）連続性は明らかであり，$e^{-\lambda x}$ が単調減少関数であることから，$F(x)$ は単調非減少である．

　例 2.11 の離散型一様分布について，いろいろな確率を計算してみよう．ここでは，$n \geq 5$ とする．

$$P(X \leq 0) = F(0) = 0, \quad P(X \leq 5) = F(5) = \frac{5}{n},$$

$$P(X < \infty) = \lim_{x \to \infty} F(x) = 1.$$

さらに補題 2.1 より，左極限を考えると

$$P(X < 5) = P\left(\lim_{k \to \infty}\left\{X \leq 5 - \frac{1}{k}\right\}\right) = \lim_{k \to \infty} F\left(5 - \frac{1}{k}\right) = \frac{4}{n}$$

であり，(2.4) より

$$P(X = 5) = P(X \leq 5) - P(X < 5) = \frac{1}{n}$$

など，いろいろな計算が可能である.

問題 2.13

(1) $n > 3$ とする．X が例 2.11 の離散型一様分布に従うとき，
以下の値を求めよ.

(i) $P(X \leq 3)$　(ii) $P(X > 1)$　(iii) $P(2 < X \leq n - 1)$

(2) $\overline{F}(x) = P(X > x)$ で定義される $\overline{F}$ を X の**補分布**という.
$\overline{F}(x) = 1 - F(x)$ であることを示せ.

(3) X が連続型確率変数であるとき，任意の $x \in \mathbb{R}$ について
$P(X = x) = 0$ を示せ.

例 2.11 からも分かるように，分布が離散型であるとき

$$P(X = x) = f(x) > 0, \qquad x \in U, \tag{2.12}$$

$$\sum_{x \in U} f(x) = 1 \tag{2.13}$$

を満たす関数 $f(x)$ と高々可算な集合 $U \subset \mathbb{R}$ が存在する．$f(x)$ を
確率関数 (probability function) という．U は確率関数 $f(x)$ の定
義域である．離散型の分布関数 $F(x)$ は

$$F(x) = \sum_{u \in U, u \leq x} f(u), \qquad x \in \mathbb{R}$$

で与えられる. 一方, 分布関数が連続型であるとき

$$P(X \leq x) = F(x) = \int_{-\infty}^{x} f(t)dt, \qquad f(t) \geq 0, t \in \mathbb{R} \quad (2.14)$$

となる関数 $f(t)$ が存在する. この関数を**確率密度関数** (probability density function) という. (F1) より明らかに

$$\lim_{x \to \infty} F(x) = \lim_{x \to \infty} \int_{-\infty}^{x} f(t)\,dt = \int_{-\infty}^{\infty} f(t)dt = 1 \quad (2.15)$$

である. 連続型の分布関数 $F(x)$ が x で微分可能であれば, $f(x)$ $= F'(x)$ である. 離散型と連続型の確率分布では, 確率関数や確率密度関数を与えることにより, 分布関数を与えることもできる.

絶対連続 (∗) 〜〜〜〜〜〜〜〜〜〜〜〜 コラム 〜〜

(2.14) を満たす確率密度関数が存在するとき, 分布関数 $F(x)$ を絶対連続であるという. 厳密にいうと, 分布関数が連続であっても, 確率密度関数が存在しない場合もある (カントール分布など). このような分布を特異な分布という (詳細は [20] などを参照のこと).

例 2.13 確率関数と確率密度関数

例 2.11 の離散型一様分布において, 確率関数 $f(x)$ は

$$f(x) = \frac{1}{n}, \quad x = 1, 2, \ldots, n$$

で与えられる. 一方, 例 2.12 のパラメータ λ の指数分布において, $x \neq 0$ で分布関数 $F(x)$ を微分することにより, 確率密度関数 $f(x)$ は

$$f(x) = \begin{cases} \lambda e^{-\lambda x}, & x > 0, \\ 0, & x \leq 0. \end{cases} \tag{2.16}$$

指数分布を見ても分かる通り，分布関数 $F(x)$ が連続であったとしても，確率密度関数 $f(x)$ が連続であるとは限らない．

2.4　統計でよく用いられる確率分布

本節では，統計で使われる確率分布の代表例を確率関数，確率密度関数を用いて紹介する．まずは，代表的な離散型分布の確率関数を挙げる．

(i)　パラメータ p（ただし，$0 < p < 1$）のベルヌーイ分布 (Bernoulli distribution).

$$f(0) = 1 - p, \qquad f(1) = p.$$

(ii)　パラメータ (n, p)（ただし，n は正の整数，$0 < p < 1$）の二項分布 (binomial distribution).

$$f(x) = {}_n\mathrm{C}_x p^x (1 - p)^{n-x}, \qquad x = 0, 1, 2, \ldots, n.$$

(iii)　パラメータ λ（ただし，$\lambda > 0$）のポアソン分布 (Poisson distribution).

$$f(x) = e^{-\lambda} \frac{\lambda^x}{x!}, \qquad x = 0, 1, 2, \ldots$$

実際に確率関数（確率分布）であるかは，(2.12) と (2.13) を確かめればよい．

例 2.14   ポアソン分布

(iii) のポアソン分布の $f(x)$ において，$\lambda > 0$ より

$$f(x) = e^{-\lambda}\frac{\lambda^x}{x!} > 0, \qquad x = 0, 1, 2, \ldots$$

であるので，(2.12) が成立する．指数関数のマクローリン展開

$$e^t = \sum_{x=0}^{\infty}\frac{t^x}{x!}, \qquad t \in \mathbb{R}$$

より，$\sum_{x=0}^{\infty} f(x) = e^{-\lambda}e^{\lambda} = 1$ であり，(2.13) も確認できるため，確率関数である．

問題 2.14

(ii) の二項分布の $f(x)$ が確率関数になっていることを示せ．

問題 2.15

以下の $f(x)$ が確率関数であるための，c と α の条件を求めよ．

(1) $f(x) = c|x|, \quad x = -1, 1.$

(2) $f(x) = cx, \quad x = 1, 2, \ldots, n.$ （ただし，n は正の整数.）

(3) $f(x) = c^x(1-c)^{1-x}, \quad x = 0, 1.$ （ただし，$c \neq 0, 1.$）

(4) $f(x) = c\alpha^x, \quad x = 0, 1, 2, \ldots$

次に連続型分布で，特に統計学で利用される，代表的な分布の確率密度関数 $f(x)$ を 4 つ挙げる．

(iv) パラメータ (μ, σ^2) （ただし，μ は実数，$\sigma > 0$)[2] の**正規分布** (normal distribution).

$$f(x) = \frac{1}{\sqrt{2\pi\sigma^2}}e^{-\frac{(x-\mu)^2}{2\sigma^2}}, \qquad x \in \mathbb{R}.$$

---

2) μ はミュー，σ はシグマと読む．

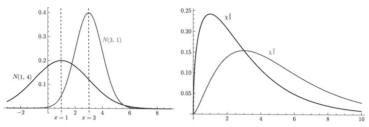

図 2-6　$N(1,4)$ と $N(3,1)$ の確率密　**図 2-7**　χ_3^2 と χ_5^2 の確率密度関数のグ
度関数のグラフ　　　　　　　ラフ

確率変数 X がパラメータ (μ, σ^2) の正規分布に従うとき，$X \sim N(\mu, \sigma^2)$ と表記する.

(v) 自由度 n（ただし，n は正の整数）の $\boldsymbol{\chi^2}$ **分布** (chi-square distribution)[3].

$$f(x) = \begin{cases} \dfrac{1}{2^{\frac{n}{2}}\Gamma\left(\dfrac{n}{2}\right)} x^{\frac{n}{2}-1} e^{-\frac{x}{2}}, & x > 0, \\ 0, & x \le 0. \end{cases}$$

ただし，$\Gamma(\alpha)$ はガンマ関数を表す.

$$\Gamma(\alpha) = \int_0^\infty x^{\alpha-1} e^{-x}\, dx, \qquad \alpha > 0.$$

確率変数 X が自由度 n の χ^2 分布に従うとき，$X \sim \chi_n^2$ と表記する.

(vi) 自由度 n（ただし，n は正の整数）の $\boldsymbol{t}$ **分布** (t-distribution).

$$f(x) = \frac{\Gamma\left(\dfrac{n+1}{2}\right)}{\sqrt{n\pi}\,\Gamma\left(\dfrac{n}{2}\right)} \left(1 + \frac{x^2}{n}\right)^{-\frac{n+1}{2}}, \qquad x \in \mathbb{R}.$$

確率変数 X が自由度 n の t 分布に従うとき，$X \sim t_n$ と表

---

3)　χ^2 はカイ二乗と読む.

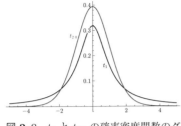

図 2-8 t_1 と t_{20} の確率密度関数のグラフ

図 2-9 F_7^2 と F_3^{10} の確率密度関数のグラフ

記する.

(vii) 自由度 (n, m) (ただし，n, m は正の整数) の **F 分布** (F-distribution).

$$f(x) = \begin{cases} \dfrac{\Gamma\left(\dfrac{n+m}{2}\right) n^{\frac{n}{2}} m^{\frac{m}{2}}}{\Gamma\left(\dfrac{n}{2}\right)\Gamma\left(\dfrac{m}{2}\right)(nx+m)^{\frac{n+m}{2}}} x^{\frac{n}{2}-1}, & x > 0, \\ 0, & x \leq 0. \end{cases}$$

確率変数 X が自由度 (n, m) の F 分布に従うとき，$X \sim F_m^n$ と表記する.

図 2-6 と図 2-8 を見ると，正規分布と t 分布のグラフは対称性があることが伺える（詳細は 4 章を参照のこと）．一方，図 2-7 と図 2-9 は対称性がないことが確認できる．確率関数のときと同様に，これらの $f(x)$ が確率密度関数になっているかどうかは，$f(x) \geq 0$ であることと，(2.15) を確かめればよい．ここでは，正規分布 (iv) を $(\mu, \sigma^2) = (0, 1)$，すなわち

$$f(x) = \frac{1}{\sqrt{2\pi}} e^{-\frac{x^2}{2}}, \qquad x \in \mathbb{R} \tag{2.17}$$

で確かめてみよう．$(\mu, \sigma^2) = (0, 1)$ の正規分布を**標準正規分布** (standard normal distribution) という．

例 2.15 標準正規分布の確率密度関数

標準正規分布の確率密度関数について，$f(x) \geq 0$ は明らかである．次に非常に有名な事実ではあるが

$$\int_0^\infty e^{-x^2} \, dx = \frac{\sqrt{\pi}}{2} \tag{2.18}$$

を導出しよう．

$$\left(\int_0^\infty e^{-x^2} \, dx \right)^2 = \int_0^\infty \int_0^\infty e^{-(x^2+y^2)} \, dxdy$$

であり，右辺の広義重積分は，$x = r\cos\theta, y = r\sin\theta$ と変数変換すると，ヤコビアン $|J|$ は

$$|J| = \begin{vmatrix} \dfrac{\partial x}{\partial r} & \dfrac{\partial x}{\partial \theta} \\ \dfrac{\partial y}{\partial r} & \dfrac{\partial y}{\partial \theta} \end{vmatrix} = \begin{vmatrix} \cos\theta & -r\sin\theta \\ \sin\theta & r\cos\theta \end{vmatrix} = r\cos^2\theta + r\sin^2\theta = r$$

であり

$$\int_0^\infty \int_0^\infty e^{-(x^2+y^2)} \, dxdy = \int_0^{\frac{\pi}{2}} \int_0^\infty re^{-r^2} \, drd\theta = \frac{\pi}{4}$$

となるので (2.18) を得る．また，(2.18) より

$$\int_{-\infty}^\infty e^{-x^2} dx = 2\int_0^\infty e^{-x^2} dx = \sqrt{\pi}.$$

よって，$x = \sqrt{2}t$ と変数変換を行うことにより

$$\int_{-\infty}^\infty \frac{1}{\sqrt{2\pi}} e^{-\frac{x^2}{2}} \, dx = \int_{-\infty}^\infty \frac{1}{\sqrt{\pi}} e^{-t^2} \, dt = 1 \tag{2.19}$$

を得るので，(2.17) の $f(x)$ は確率密度関数となっている．

問題 2.16

以下の $f(x)$ が確率密度関数であるための，c と α の条件を求めよ．ただし，$f(x)$ の定義域が書かれていない部分は，$f(x) = 0$ とする．

(1) $f(x) = c,$　　　　　　$a \leq x \leq b$（ただし，$a < b$ とする）．

(2) $f(x) = cx^2, \qquad -1 \leq x \leq 1.$

(3) $f(x) = cx^3 e^{-\alpha x}, \qquad x > 0.$

問題 2.17

(iv), (v) の $f(x)$ が確率密度関数になっていることを示せ.

ここで，標準正規分布と χ^2 分布の関係性を考えてみよう.

例 2.16 X^2 の分布

X を標準正規分布に従う確率変数としたとき，X^2 も明らかに連続型確率変数である．その分布関数を $F(x)$ とすると，$x \leq 0$ のときは，$F(x) = P(X^2 \leq x) = 0$ であり，$x > 0$ に対して

$$F(x) = P(-\sqrt{x} \leq X \leq \sqrt{x}) = \int_0^{\sqrt{x}} \frac{2}{\sqrt{2\pi}} e^{-\frac{t^2}{2}} dt.$$

よって，x で微分をすると

$$F'(x) = \frac{2}{\sqrt{2\pi}} e^{-\frac{(\sqrt{x})^2}{2}} (\sqrt{x})' = \frac{1}{2^{\frac{1}{2}} \Gamma\left(\frac{1}{2}\right)} x^{\frac{1}{2}-1} e^{-\frac{x}{2}}, \qquad x > 0$$

である．最後の等式は，$\Gamma\left(\dfrac{1}{2}\right) = \sqrt{\pi}$ を用いた．つまり確率密度関数は

$$f(x) = \begin{cases} \dfrac{1}{2^{\frac{1}{2}} \Gamma\left(\dfrac{1}{2}\right)} x^{\frac{1}{2}-1} e^{-\frac{x}{2}}, & x > 0, \\ 0, & x \leq 0 \end{cases}$$

であり，(v) の確率密度関数の $n = 1$ としたときに一致するため，X^2 は自由度 1 の χ^2 分布に従う.

2.5　多次元確率分布

1 つの確率変数の議論を拡張することにより複数の確率変数から作られる分布を定義することができる. n を正の整数とする.

定義 2.8

確率変数 $X_1, X_2, \ldots, X_n$ と $x_1, x_2, \ldots, x_n \in \mathbb{R}$ に対して,

$$F(x_1, x_2, \ldots, x_n) = P(X_1 \leq x_1, X_2 \leq x_2, \ldots, X_n \leq x_n)$$

を分布関数という. 複数の確率変数で作られる分布を**同時分布** (joint probability distribution), もしくは**結合分布**という.

注意 2.2

事象を使って表記すると

$$P(X_1 \leq x_1, \ldots, X_n \leq x_n) = P\left(\{X_1 \leq x_1\} \cap \cdots \cap \{X_n \leq x_n\}\right)$$

であり, 積事象の確率を意味している.

定義より明らかに, $x_1 \in \mathbb{R}$ に対して

$$\lim_{x_2 \to \infty} \lim_{x_3 \to \infty} \cdots \lim_{x_n \to \infty} F(x_1, x_2, x_3, \ldots, x_n) = F_{X_1}(x_1) \quad (2.20)$$

となり, X_1 の分布関数が得られる. $X_i (i = 2, 3, \ldots, n)$ の分布関数についても (2.20) と同様である. F_{X_i} を X_i についての**周辺分布** (marginal distribution) という. $X_1, X_2, \ldots, X_n$ が離散型確率変数のとき, $x_i \in U_i (i = 1, 2, \ldots, n)$ に対して

$$P(X_1 = x_1, X_2 = x_2, \ldots, X_n = x_n) = f(x_1, x_2, \ldots, x_n) > 0,$$

$$\sum_{x_1 \in U_1} \sum_{x_2 \in U_2} \cdots \sum_{x_n \in U_n} f(x_1, x_2, \ldots, x_n) = 1$$

となる $f(x_1, x_2, \ldots, x_n)$ と $U_1, U_2, \ldots, U_n$ が存在する. $f(x_1, x_2, \ldots, x_n)$ を（同時）確率関数という. 一方, 同時分布の分布関数が（絶対）連続のとき, 連続型といい, ある関数 $f(t_1, t_2, \ldots, t_n) \geq 0$ と $x_1, x_2, \ldots, x_n \in \mathbb{R}$ に対して

$$F(x_1, x_2, \ldots, x_n)$$
$$= \int_{-\infty}^{x_1} \int_{-\infty}^{x_2} \ldots \int_{-\infty}^{x_n} f(t_1, t_2, \ldots, t_n) \, dt_n \ldots dt_2 dt_1$$

を満たす. $f(t_1, t_2, \ldots, t_n)$ を（同時）確率密度関数という. (2.20) より明らかに各 $X_i (i = 1, 2, \ldots, n)$ が離散型確率変数でその確率関数を $f_{X_i}(x_i)$ とすると, $x_1 \in U_1$ に対して

$$f_{X_1}(x_1) = \sum_{x_2 \in U_2} \cdots \sum_{x_n \in U_n} f(x_1, x_2, \ldots, x_n)$$

である. 他の確率関数についても, 同様に計算できる. 一方, 各 X_i が連続型確率変数であり, その確率密度関数を $f_{X_i}(x_i)$ とすると, $x_1 \in \mathbb{R}$ に対して

$$f_{X_1}(x_1) = \int_{-\infty}^{\infty} \ldots \int_{-\infty}^{\infty} f(x_1, x_2, \ldots, x_n) \, dx_n \ldots dx_2$$

を得る.

例 2.17　多項分布

k を正の整数とし, 正の実数 $p_1, p_2, \ldots, p_k$ が $p_1 + p_2 + \cdots + p_k = 1$ を満たすとする. n を正の整数, 非負の整数 $x_1, x_2, \ldots, x_k$ が $x_1 + x_2 + \cdots + x_k = n$ を満たすとし, 離散型確率変数 $X_1, X_2, \ldots, X_k$ に対して

$$P(X_1 = x_1, X_2 = x_2, \ldots, X_k = x_k) = \frac{n!}{\prod_{i=1}^{k} x_i!} \prod_{i=1}^{k} p_i^{x_i}$$

$$(2.21)$$

を満たすとき，同時分布を多項分布という．多項分布は二項分布の一般化であり，$k = 2$ とすると，二項分布と一致する．多項分布の例としては，さいころを n 回振ったとき，i という目が出る回数を X_i とすると，同時分布は $k = 6, p_1 = p_2 = \cdots = p_6 = \frac{1}{6}$ の多項分布となる．また，$X_i = x_i$ であることは，確率 p_i で x_i 回起こり，確率 $\sum_{j \neq i} p_j = 1 - p_i$ で $n - x_i$ 回別の結果が起こることなので，多項分布の X_i における周辺分布はパラメータ (n, p_i) の二項分布，すなわち，$i = 1, 2, \ldots, k$ に対して

$$P(X_i = x_i) = {}_n\mathrm{C}_{x_i} p_i^{x_i} (1 - p_i)^{n - x_i} \qquad (2.22)$$

である．

問題 2.18(∗)

(2.21) が確率関数であることを確認せよ．

複数の確率変数に対して，事象の独立性と同様に，確率変数の独立性の定義をすることも可能である．

定義 2.9

確率変数 $X_1, X_2, \ldots, X_n$ と実数 $x_1, x_2, \ldots, x_n$ に対して

$$P(X_1 \leq x_1, X_2 \leq x_2, \ldots, X_n \leq x_n) = \prod_{i=1}^{n} P(X_i \leq x_i)$$

$$(2.23)$$

が成立するとき，$X_1, X_2, \ldots, X_n$ が互いに独立 (mutually in-

dependent) であるという. 確率変数 $X_1, X_2, \ldots$ が互いに独立
であるとは, 任意の正の整数 k に対して, $X_1, X_2, \ldots, X_k$ が
互いに独立であるときをいう.

$X_1, X_2, \ldots, X_n$ が互いに独立であれば, 空でない任意の集合 Λ
$\subset \{1, 2, \ldots, n\}$ に対して

$$P\left(\bigcap_{i \in \Lambda}\{X_i \leq x_i\}\right) = \prod_{i \in \Lambda} P(X_i \leq x_i), \qquad x_i \in \mathbb{R} \qquad (2.24)$$

が成立する. すなわち, 任意の部分確率変数列も互いに独立である
ことが分かる.

例 2.18　100 回目の結果

コインを 100 回投げる試行を考える. $i = 1, 2, \ldots, 100$ に対し
て, X_i を i 回目のコイン投げの結果とする. このとき, $X_1, X_2,$
$\ldots, X_{100}$ は互いに独立である. よって, (2.23) と (2.24) より,
99 回目まで表が出続けた条件のもとで, 100 回目の結果は, $x =$
$0, 1$ に対して

$$P(X_{100} = x | X_1 = 1, \ldots, X_{99} = 1) = P(X_{100} = x) = \frac{1}{2}$$

である. すなわち事象のとき同様, 確率変数が互いに独立なら
ば, 条件に依存しないことを表している. この例では, 表が出続
けたとしても, 100 回目は表と裏が出る確率はそれぞれ $\frac{1}{2}$ であ
り, 表が出やすいことはないことを表している.

問題 2.19

X を確率変数, a を定数としたとき, X と a が互いに独立で
あることを示せ.

$X_1, X_2, \ldots, X_n$ の分布関数を $F(x_1, x_2, \ldots, x_n)$, X_i の周辺分布を $F_{X_i}(x_i)$ とすると，$X_1, X_2, \ldots, X_n$ が互いに独立ならば

$$F(x_1, x_2, \ldots, x_n) = \prod_{i=1}^{n} F_{X_i}(x_i), \qquad x_i \in \mathbb{R}$$

である．よって，$X_1, X_2, \ldots, X_n$ が互いに独立な確率変数であり，同時確率関数（もしくは同時確率密度関数）を $f(x_1, x_2, \ldots, x_n)$ とし，周辺分布の確率関数（もしくは確率密度関数）を $f_{X_i}(x_i)$ とすると，$x_i \in U_i$（もしくは $x_i \in \mathbb{R}$）に対して

$$f(x_1, x_2, \ldots, x_n) = \prod_{i=1}^{n} f_{X_i}(x_i)$$

である．

例 2.19 　互いに独立な離散型一様分布

確率変数 $X_1, X_2, \ldots, X_n$ が互いに独立で，パラメータ m（ただし，m は正の整数）の離散型一様分布に従うとする．すなわち，X_i の（周辺分布の）確率関数が

$$f_{X_i}(x_i) = P(X_i = x_i) = \frac{1}{m}, \qquad i = 1, 2, \ldots, n, x_i = 1, 2, \ldots, m$$

で与えられるとする．（同時）確率関数 $f(x_1, x_2, \ldots, x_n)$ は

$$f(x_1, x_2, \ldots, x_n) = \prod_{i=1}^{n} f_{X_i}(x_i) = \frac{1}{m^n}, \qquad x_i = 1, 2, \ldots, m$$

で与えられる．$m = 6$ としたとき，この分布はさいころを n 回投げたときの目の確率を表しており，例えば，n 回連続 1 の目が出る確率は $\dfrac{1}{6^n}$ となる．

例 2.20 **独立でない例：多項分布**

$X_1, X_2, \ldots, X_k$ が例 2.17 の多項分布に従うとする．(2.21) と (2.22) より，$f(x_1, x_2, \ldots, x_k) \neq f_{X_1}(x_1) f_{X_2}(x_2) \cdots f_{X_k}(x_k)$ であるので，$X_1, X_2, \ldots, X_k$ は互いに独立でない．

　例 2.19 のように，$X_1, X_2, \ldots, X_n$ の従う分布が同じである場合，「$X_1, X_2, \ldots, X_n$ が同一分布に従う」や「$X_1, X_2, \ldots, X_n$ の分布が同一」などという[4]．また，2 つ以上の確率変数が互いに独立で同一分布に従うことを ***i.i.d.*** (independent and identically distributed) という．*i.i.d.* は強い仮定ではあるが，仮定をすることにより，確率論及び統計学の理論的結果を得られる場合も多い．

　多次元確率分布を定義したことにより，和の分布や積の分布などを考えることができる．

例 2.21

X, Y を離散型確率変数とし，その確率関数が

$$P(X = x, Y = y) = f(x, y) = \frac{1}{8}, \qquad x, y = 0, \pm 1, (x, y) \neq (0, 0)$$

で与えられるとする．このとき，X の周辺分布の確率関数は

$$f_X(-1) = f(-1, -1) + f(-1, 0) + f(-1, 1) = \frac{3}{8},$$
$$f_X(0) = f(0, -1) + f(0, 1) = \frac{1}{4},$$
$$f_X(1) = f(1, -1) + f(1, 0) + f(1, 1) = \frac{3}{8}$$

である．同様に $f_Y(-1) = f_Y(1) = \frac{3}{8}, f_Y(0) = \frac{1}{4}$ を得る．よって，$f(x, y) \neq f_X(x) f_Y(y)$ であるので，X と Y は互いに独立でない．次に $X + Y$ の分布を考えると，$X + Y = 0, \pm 1, \pm 2$ であ

---

4)　「$X_1, X_2, \ldots, X_n$ が同一分布に従う」という概念は分布関数が同じであるというものであり，$X_1 = X_2 = \cdots = X_n$ であるという意味ではないことに注意しよう．

り，その確率関数は

$$f_{X+Y}(-2) = f(-1,-1) = \frac{1}{8},$$

$$f_{X+Y}(-1) = f(-1,0) + f(0,-1) = \frac{1}{4},$$

$$f_{X+Y}(0) = f(1,-1) + f(-1,1) = \frac{1}{4},$$

$$f_{X+Y}(1) = f(1,0) + f(0,1) = \frac{1}{4},$$

$$f_{X+Y}(2) = f(1,1) = \frac{1}{8}$$

となる．同様に XY の確率関数は $f_{XY}(-1) = \frac{1}{4}, f_{XY}(0) = \frac{1}{2},$ $f_{XY}(1) = \frac{1}{4}$ となる．

次に互いに独立である場合について，和の分布に注目し考えていこう．確率変数 $X_1, X_2, \ldots, X_n$ が互いに独立であるとし，

$$Y_n = X_1 + X_2 + \cdots + X_n$$

とする．$X_1, X_2, \ldots, X_n$ が離散型確率変数とすると，明らかに Y_n も離散型確率変数であり，$y \in U$ に対して確率関数 $f_{Y_n}(y)$ は

$$f_{Y_n}(y) = \sum_{x_1 \in U_1} P(X_1 + X_2 + \cdots + X_n = y, X_1 = x_1)$$

$$= \sum_{x_1 \in U_1} P(X_2 + \cdots + X_n = y - x_1) P(X_1 = x_1)$$

と再帰的に求められる．一方，$X_1, X_2, \ldots, X_n$ が連続型確率変数のとき，Y_n も連続型確率変数であり，その確率密度関数 $f_{Y_n}(y)$ は，X_1 の確率密度関数を $f_{X_1}(x_1)$ とすると

$$f_{Y_n}(y) = \int_{-\infty}^{\infty} f_{X_2 + \cdots + X_n}(y - x_1) f_{X_1}(x_1) \, dx_1, \qquad y \in \mathbb{R}$$

で与えられる．ただし，$f_{X_2 + \cdots + X_n}(y - x_1)$ は $X_2 + X_3 + \cdots + X_n$ の確率密度関数である．

例 2.22 **ベルヌーイ分布，二項分布，ポアソン分布**

$X_1, X_2, \ldots, X_n$ が互いに独立で，パラメータ p のベルヌーイ分布に従うとする．すなわち，$i = 1, 2, \ldots, n$ に対して

$$P(X_i = 0) = 1 - p = f(0), \qquad P(X_i = 1) = p = f(1)$$

であるとする．このとき，$Y_n = X_1 + X_2 + \cdots + X_n$ とすると，1章で紹介したベルヌーイ試行から，Y_n の確率関数は

$$f_{Y_n}(x) = {}_n\mathrm{C}_x p^x (1-p)^{n-x}, \quad x = 0, 1, 2, \ldots, n$$

である．よって，Y_n はパラメータ (n, p) の二項分布に従う（$Y_n \sim B(n, p)$）．さらに，np を定数と仮定し，$\lambda = np > 0$ とすると

$$\lim_{n \to \infty} f_{Y_n}(x) = e^{-\lambda} \frac{\lambda^x}{x!}, \qquad x = 0, 1, 2, \ldots$$

となることが知られており，Y_n の極限分布は np が定数ならば，パラメータ λ のポアソン分布に従う．

例 2.23 **互いに独立な指数分布の和の分布（*）**

確率変数 X_1 と X_2 が互いに独立で，パラメータ λ の指数分布に従うとする．すなわち，X_1 と X_2 の確率密度関数が

$$f(x) = \begin{cases} \lambda e^{-\lambda x}, & x > 0, \\ 0, & x \leq 0 \end{cases}$$

で与えられるとする．このとき，$Y_2 = X_1 + X_2$ の確率密度関数 $f_{Y_2}(y)$ は，$y \leq 0$ で $f_{Y_2}(y) = 0$ であり，$f_{X_1}(x) = f_{X_2}(x) = f(x)$ であることから

$$\begin{aligned} f_{Y_2}(y) &= \int_{-\infty}^{\infty} f(y - x_1) f(x_1) \, dx_1 \\ &= \int_0^y \lambda^2 e^{-\lambda y} \, dx_1 = \lambda^2 y e^{-\lambda y}, \qquad y > 0 \end{aligned}$$

で与えられる．よって，Y_2 の分布関数 $F_{Y_2}(x)$ は $x < 0$ で $F_{Y_2}(x) = 0$ であり，部分積分より

$$
\begin{aligned}
F_{Y_2}(x) &= \int_0^x \lambda^2 y e^{-\lambda y}\, dy \\
&= \left[-\lambda y e^{-\lambda y} \right]_0^x + \int_0^x \lambda e^{-\lambda y}\, dy \\
&= 1 - e^{-\lambda x} - \lambda x e^{-\lambda x}, \quad x > 0
\end{aligned}
$$

となる．分布 F_{Y_2} をパラメータ λ の 2 次アーラン分布という．例 2.23 を見て分かるように，同一分布の和の分布が元の分布と同じ形になるとは限らないことに注意しよう．

問題 2.20(*)

連続型確率変数 X_1 と X_2 が互いに独立で同一分布に従い，確率密度関数が以下で与えられるとする．

$$
f(x) = \begin{cases} 1, & 0 \le x \le 1, \\ 0, & \text{その他.} \end{cases}
$$

X_1 と X_2 の従う分布を $[0, 1]$ 上の（連続型）一様分布と呼ぶ．$Y_2 = X_1 + X_2$ の確率密度関数と分布関数を求めよ．

和の分布を求める際に，確率関数や確率密度関数を直接求めることは，そこまで容易ではない．例えば，n を正の整数とし，X_1, $X_2, \ldots, X_n$ が互いに独立で標準正規分布に従うとき，$X_1^2 + X_2^2 + \cdots + X_n^2 \sim \chi_n^2$ であることが知られている．しかし，$X_1^2 + X_2^2 + \cdots + X_n^2$ の分布関数や確率密度関数を直接求めると，計算が非常に煩雑となる．一方，後に扱う積率母関数を使うと，この事実は簡単に示すことができる．3 章と 4 章でその方法を解説する．

第 3 章

期待値

確率変数には期待値（平均）と分散という概念がある．期待値は確率変数の中心的な値であり，分散は期待値からのばらつきを表す尺度である．確率変数の期待値と分散は，統計学においても非常に重要なものである．その他にも，相関係数や積率母関数など，分布の特性を見るための重要な指標を紹介する．

3.1　期待値と分散

　確率変数 X に対して，期待値を定義する．一般の確率変数 X に対して，X の期待値はルベーグ積分によって定義されるが（[20]，[21] などを参照のこと），本書では離散型確率変数と連続型確率変数のみ扱う．

定義 3.1

　X を離散型確率変数とし，その確率関数を $f(x)$ とする．このとき，X の**期待値** (expectation)$E(X)$ は

$$E(X) = \sum_{x \in U} xP(X = x) = \sum_{x \in U} xf(x)$$

で定義される．一方，X を連続型確率変数とし，確率密度関数を $f(x)$ としたとき，その期待値は

$$E(X) = \int_{-\infty}^{\infty} xf(x)dx$$

で定義される[1]．

　確率変数 X の期待値は X の**平均** (mean) ともいう．確率変数に対する平均は，確率分布が与えられたもとで計算される値であり，データが与えられたもとで求まる（算術）平均とは異なる．

　実際に X の従う分布を仮定して，期待値を求めてみよう．

例 3.1　**ポアソン分布の期待値**

　X がパラメータ λ のポアソン分布に従うとする．すなわち X

---

[1]　一般には確率変数 X の期待値について，「期待値が存在する」ということは $E(X) = \infty$ や $E(X) = -\infty$ であってもよい．もちろん，コーシー分布など「期待値が存在しない」分布もある．本書では，特に断りが無い限りは，期待値が有限である，すなわち $-\infty < E(X) < \infty$ であるものを扱う．

が離散型確率変数であり，確率関数が

$$f(x) = \frac{\lambda^x}{x!}e^{-\lambda}, \qquad x = 0, 1, 2, \ldots$$

で与えられる．このとき，X の期待値は

$$E(X) = \sum_{x=1}^{\infty} \frac{\lambda^x}{(x-1)!}e^{-\lambda} = \sum_{k=0}^{\infty} \frac{\lambda^{k+1}}{k!}e^{-\lambda} = \lambda$$

である．最後の等式は指数関数のマクローリン展開を用いた．

例 3.2　標準正規分布の期待値

X が標準正規分布に従う（$X \sim N(0,1)$）とする．すなわち X が連続型確率変数であり確率密度関数が

$$f(x) = \frac{1}{\sqrt{2\pi}}e^{-\frac{x^2}{2}}, \qquad x \in \mathbb{R}$$

で与えられる．X の期待値は

$$E(X) = \int_{-\infty}^{\infty} \frac{1}{\sqrt{2\pi}}xe^{-\frac{x^2}{2}}\,dx = \frac{1}{\sqrt{2\pi}}\left[-e^{-\frac{x^2}{2}}\right]_{-\infty}^{\infty} = 0$$

である．

問題 3.1

確率変数 X がパラメータ n の離散型一様分布に従うとする．X の期待値を求めよ．

問題 3.2

$0 < p < 1$ とし，離散型確率変数 X の確率関数が

$$f(x) = p(1-p)^{x-1}, \qquad x = 1, 2, \ldots$$

で与えられているとする．X の従う分布を幾何分布という．X の期待値を求めよ．

問題 3.3

　確率変数 X がパラメータ λ の指数分布に従うとする．X の期待値を求めよ．

　次に実数値関数 $g(x)$ の変数部分に確率変数を代入した $g(X)$ の期待値を定義する．

定義 3.2

　$g(x)$ を実数値関数[2)]とする．X を離散型確率変数とし，その確率関数を $f(x)$ とする．このとき，$g(X)$ の期待値は

$$E(g(X)) = \sum_{x \in U} g(x)f(x) \qquad (3.1)$$

で定義される．一方，X を連続型確率変数とし，確率密度関数を $f(x)$ としたとき，$g(X)$ の期待値は

$$E(g(X)) = \int_{-\infty}^{\infty} g(x)f(x)dx \qquad (3.2)$$

で定義される．

　定義 3.2 において，$g(x) = x$ とすると $g(X) = X$ であり，定義 3.1 に一致するため，定義 3.2 は定義 3.1 の一般化であるといえる．定義 3.2 において，$g(x) = x^n$（ただし，n は正の整数）とすると，$E(g(X)) = E(X^n)$ となる．$E(X^n)$ を確率変数 X の **n 次積率**または **n 次モーメント** (n-th moment) という．さらに，$g(x) = (x - E(X))^2$ とすると，$g(X)$ の期待値は分散と呼ばれ，期待値 $E(X)$ からのばらつきを表す尺度となる．

---

2)　正確には，$g(x)$ は可測関数でなければならないが，本書では意識せずに使う．

定義 3.3

確率変数 X に対して

$$V(X) = E((X - E(X))^2) \qquad (3.3)$$

を確率変数 X に対する**分散** (variance)[3]という. また $\sqrt{V(X)}$ を**標準偏差** (standard deviation) という.

X が離散型確率変数でその確率関数を $f(x)$ とすると, 分散は (3.1) より

$$V(X) = \sum_{x \in U} (x - E(X))^2 f(x) \qquad (3.4)$$

と計算することができる. 一方, X が連続型確率変数でその確率密度関数を $f(x)$ とすると, 分散は (3.2) より

$$V(X) = \int_{-\infty}^{\infty} (x - E(X))^2 f(x)\,dx$$

となる. さらに

$$V(X) = E(X^2) - (E(X))^2 \qquad (3.5)$$

が成立する. $(X - E(X))^2 \geq 0$ から, $V(X) \geq 0$ と $E(X^2) \geq (E(X))^2$ を得る.

例 3.3　**ポアソン分布の分散**

X がパラメータ λ のポアソン分布に従うとする. 例 3.1 より $E(X) = \lambda$ である. また指数関数のマクローリン展開より

$$E(X^2) = \sum_{x=1}^{\infty} (x-1) \frac{\lambda^x}{(x-1)!} e^{-\lambda} + \sum_{x=1}^{\infty} \frac{\lambda^x}{(x-1)!} e^{-\lambda} = \lambda^2 + \lambda$$

---

3)　期待値と同様に, 一般には分散が無限大に発散してもよい. 本書では, 特に断りが無い限り, 分散が有限である場合を扱う.

である．よって，(3.5) より $V(X) = \lambda^2 + \lambda - \lambda^2 = \lambda$ を得る．

例 3.4　標準正規分布の分散

$X \sim N(0,1)$ とする．例 3.2 より $E(X) = 0$ である．さらに，$(e^{-x^2/2})' = -xe^{-x^2/2}$，部分積分，(2.19) を用いると

$$
\begin{aligned}
E(X^2) &= \int_{-\infty}^{\infty} \frac{1}{\sqrt{2\pi}} x^2 e^{-\frac{x^2}{2}} \, dx \\
&= \int_{-\infty}^{\infty} \frac{1}{\sqrt{2\pi}} x \left(-e^{-\frac{x^2}{2}} \right)' dx \\
&= \left[-\frac{1}{\sqrt{2\pi}} x e^{-\frac{x^2}{2}} \right]_{-\infty}^{\infty} + \int_{-\infty}^{\infty} \frac{1}{\sqrt{2\pi}} e^{-\frac{x^2}{2}} \, dx \\
&= 1
\end{aligned}
$$

が得られる．よって $V(X) = E(X^2) - (E(X))^2 = 1$ を得る．

問題 3.4

X がパラメータ n の離散型一様分布に従うとき，X の分散を求めよ．

問題 3.5

X がパラメータ p の幾何分布に従うとき，X の分散を求めよ．

問題 3.6

X がパラメータ λ の指数分布に従うとき，X の分散を求めよ．

以下，2.4 節で紹介した分布の期待値と分散を紹介しよう．なお，t 分布と F 分布は省略する．

(i)　パラメータ p のベルヌーイ分布．

$$
E(X) = p, \qquad V(X) = p(1 - p).
$$

(ii) パラメータ (n, p) の二項分布 $(X \sim B(n, p))$.

$$E(X) = np, \qquad V(X) = np(1 - p).$$

(iii) パラメータ λ のポアソン分布.

$$E(X) = \lambda, \qquad V(X) = \lambda.$$

(iv) パラメータ (μ, σ^2) の正規分布 $(X \sim N(\mu, \sigma^2))$.

$$E(X) = \mu, \qquad V(X) = \sigma^2.$$

(v) 自由度 n の χ^2 分布 $(X \sim \chi_n^2)$.

$$E(X) = n, \qquad V(X) = 2n.$$

問題 3.7

(i), (iv), (v) を確認せよ.

次に多変数の期待値を考えよう. 多変数の確率変数の期待値については, 定義 3.1 や定義 3.2 のように計算を行えばよい.

例 3.5

X, Y が離散型確率変数であるとする. このとき, $X + Y$ と XY の期待値は, それらの確率関数及び定義域を $f_{X+Y}(z)$, U_{X+Y} と $f_{XY}(z), U_{XY}$ とすると

$$E(X + Y) = \sum_{z \in U_{X+Y}} z f_{X+Y}(z), \qquad E(XY) = \sum_{z \in U_{XY}} z f_{XY}(z)$$

である. 一方, X, Y が連続型確率変数であり, その確率密度関数を $f_{X+Y}(z), f_{XY}(z)$ とすると

$$E(X + Y) = \int_{-\infty}^{\infty} z f_{X+Y}(z) \, dz, \qquad E(XY) = \int_{-\infty}^{\infty} z f_{XY}(z) \, dz.$$

例 3.5 では，$X + Y, XY$ の期待値については，それぞれの確率関数（確率密度関数）が与えられたもとで，計算ができる．一方，$X + Y$ の期待値は，以下の期待値の性質を使うことにより，求めることも可能である．

定理 3.1

X, Y を確率変数，α を実数とする．

(i) $E(\alpha) = \alpha$.

(ii) $E(\alpha X) = \alpha E(X)$.

(iii) $E(X + Y) = E(X) + E(Y)$.

(iv) $X \leq Y$ ならば，$E(X) \leq E(Y)$.

(v) X と Y が互いに独立ならば，$E(XY) = E(X)E(Y)$.

定理 3.1 は，離散型や連続型を仮定せずに，一般の確率変数に対しても成立する．証明は [12]-[21] などを参照されたい．定理 3.1 の (ii) と (iii) を**期待値の線形性**という．また，(v) について，逆は成り立たないので注意しよう．

例 3.6　逆が成立しない例

例 2.21 を再考しよう．例 2.21 で，X と Y は互いに独立でないことを確認した．X と Y の周辺分布の確率関数は

$$f_X(-1) = f_X(1) = f_Y(1) = f_Y(-1) = \frac{3}{8},$$
$$f_X(0) = f_Y(0) = \frac{1}{4}$$

であり，期待値は

$$E(X) = E(Y) = -\frac{3}{8} + \frac{3}{8} = 0$$

となる．また XY の確率関数は

$$f_{XY}(-1) = f_{XY}(1) = \frac{1}{4}, \qquad f_{XY}(0) = \frac{1}{2}$$

であるので，期待値は

$$E(XY) = -\frac{1}{4} + \frac{1}{4} = 0$$

となり，$E(XY) = E(X)E(Y)$ が成立し，定理 3.1(v) の逆は成り立たないことが確認できる．

問題 3.8

定理 3.1 を用いて，(3.3) を式変形し (3.5) を導出せよ．

期待値と同様，分散の性質について考えよう．

定理 3.2

$\alpha \in \mathbb{R}$，X, Y を確率変数とする．

(i) $V(\alpha) = 0$.

(ii) $V(\alpha X) = \alpha^2 V(X)$.

(iii) X と Y が互いに独立ならば，$V(X+Y) = V(X)+V(Y)$.

定理 3.2 の証明は定理 3.1，(3.3)，(3.5) を用いることにより確認することができる．また，(iii) について，定理 3.1 の (v) と同様，逆は成り立たないことに注意しよう．

例 3.7　逆が成立しない例

例 2.21 を考えよう．X, Y の分散は $E(X^2) = E(Y^2) = \frac{3}{4}$ より，$V(X) = V(Y) = \frac{3}{4}$ である．一方，$X + Y$ の確率関数は

$$f_{X+Y}(-2) = f_{X+Y}(2) = \frac{1}{8},$$

$$f_{X+Y}(-1) = f_{X+Y}(0) = f_{X+Y}(1) = \frac{1}{4}$$

であるので，$E(X+Y) = 0$, $E((X+Y)^2) = \dfrac{3}{2}$ であり，$V(X+Y) = \dfrac{3}{2}$ となるので，$V(X+Y) = V(X) + V(Y)$ となり，定理 3.2(iii) の逆は成り立たない.

問題 3.9

定理 3.2 を証明せよ.

問題 3.10

定理 3.1 の期待値の線形性と定理 3.2 の (iii) を用いて，以下の期待値と分散を求めよ.

(1) さいころを 2 回投げる試行においての出る目の和の期待値と分散.

(2) パラメータ (n, p) の二項分布の期待値と分散.

確率変数 X に対して

$$Y = \frac{X - E(X)}{\sqrt{V(X)}}$$

とすると，定理 3.1 と定理 3.2 より

$$E(Y) = 0, \qquad V(Y) = 1 \tag{3.6}$$

となる．つまり，確率変数 X に対して，期待値が 0 で分散が 1 となるような確率変数を作ることができる．このような操作を標準化 (standardization) という.

問題 3.11

(3.6) を確かめよ.

n を正の整数とし,確率変数 $X_1, X_2, \ldots, X_n$ に対して,$\overline{X}$ を

$$\overline{X} = \frac{1}{n} \sum_{i=1}^{n} X_i$$

とする.$\overline{X}$ は統計学における平均の推定や検定において,非常に重要な役割を果たす(詳しくは 6-8 章参照のこと).

定理 3.3

$X_1, X_2, \ldots, X_n$ が互いに独立な確率変数であり,同一の期待値 μ と分散 σ^2 を持つとする.このとき,$E(\overline{X}) = \mu, V(\overline{X}) = \sigma^2/n$ であり,$\overline{X}$ の標準化は

$$\frac{\overline{X} - \mu}{\sigma/\sqrt{n}}$$

で与えられる.

定理 3.3 は定理 3.1 と定理 3.2 より証明することが可能である.

問題 3.12

定理 3.3 を示せ.

$X_1, X_2, \ldots, X_n$ が同一分布に従うとき

$$E(X_1) = E(X_2) = \cdots = E(X_n),$$
$$V(X_1) = V(X_2) = \cdots = V(X_n)$$

であり,同一の期待値と分散を持つ.しかし,逆は成立しないので注意しよう.例えば,確率変数 X_1 がパラメータ p のベルヌーイ分

布に従い，X_2 がパラメータ $(p, p(1 - p))$ の正規分布に従うとき，X_1, X_2 の期待値と分散は一致するが，従う分布は同一ではない．

3.1.1　共分散，相関係数

確率論や統計学において，複数の確率変数が与えられたとき，それらの関連性も重要な指標である．以下では，二つの確率変数についての関連性を見ることができる共分散と相関係数を定義する．

定義 3.4

確率変数 X, Y に対して

$$Cov(X, Y) = E((X - E(X))(Y - E(Y)))$$

で定義される $Cov(X, Y)$ を**共分散** (covariance) という．さらに，$V(X), V(Y) \neq 0$ のとき

$$\rho(X, Y) = \frac{Cov(X, Y)}{\sqrt{V(X)V(Y)}}$$

で定義される $\rho(X, Y)$ を**相関係数** (correlation coefficient) という．

定理 3.1 より共分散は

$$Cov(X, Y) = E(XY) - E(X)E(Y) \tag{3.7}$$

である．次の補題が成立することにより，関連性を見るときは，相関係数を特に重視する場合が多い．相関係数の絶対値が 1 に近ければ，X と Y の関連性があるとし，特に $|\rho(X, Y)| = 1$ ならば，X と Y は直線の関係となる．

補題 3.1

X, Y を確率変数とする.

(i) X と Y が互いに独立ならば, $Cov(X, Y) = \rho(X, Y) = 0$.

(ii) $|\rho(X, Y)| \leq 1$. 特に, $|\rho(X, Y)| = 1$ である必要十分条件は, $Y - E(Y) = \alpha(X - E(X))$ を満たす $\alpha \in \mathbb{R}$ が存在することである.

一般には補題 3.1(i) の逆は成立しない（例 3.6 を見よ）. したがって, $\rho(X, Y) = 0$ であるときに, 必ず X と Y が互いに独立であると考えることは誤りである.

例 3.8 **多項分布の共分散と相関係数（＊）**

例 2.17 の多項分布の共分散と相関係数は, 多項定理（もしくは二項定理）より

$$Cov(X_i, X_j) = E(X_i X_j) - E(X_i) E(X_j) = -np_i p_j,$$
$$\rho(X_i, X_j) = \frac{Cov(X_i, X_j)}{\sqrt{Var(X_i)(X_j)}} = -\sqrt{\frac{p_i p_j}{(1 - p_i)(1 - p_j)}}.$$

すなわち, 共分散, 相関係数ともに負であることが分かる（負の相関を持つという）. 直感的には, $X_i + X_j \leq n$ であるので, X_i の取る値が増えれば, X_j の取る値が減る傾向にあるという解釈である.

データの分析（＊）〜〜〜〜〜〜〜〜〜〜〜〜〜 コラム 〜〜

数学 I のデータの分析で, 平均値, 分散, 相関係数などを求めた読者は多いと思う. これらは同じ言葉であるが, 確率変数の平均（期待値）, 分散, 相関係数とは異なることに注意しよう. データの分析における, 平均

値，分散はデータ $x_1, x_2, \ldots, x_n$ が（実数値で）与えられたもとで，以下の $\overline{x}, s^2$ で与えられる．

$$\overline{x} = \frac{1}{n} \sum_{i=1}^{n} x_i, \qquad s^2 = \frac{1}{n} \sum_{i=1}^{n} (x_i - \overline{x})^2.$$

さらに，対のデータ $(x_1, y_1), (x_2, y_2), \ldots, (x_n, y_n)$ に対して，x の平均値と分散を $\overline{x}, s_x^2$，y の平均値と分散を $\overline{y}, s_y^2$ とすると，対のデータの共分散と相関係数は，以下の s_{xy}, ρ で与えられる．

$$s_{xy} = \frac{1}{n} \sum_{i=1}^{n} (x_i - \overline{x})(y_i - \overline{y}), \qquad \rho = \frac{s_{xy}}{s_x s_y}.$$

これらの指標は，データの分析など，記述統計において重要である．

3.2 積率母関数

例 3.4 のように，期待値や分散を定義から求めると複雑な計算になる場合がある．本節では，期待値や分散を計算できる他の方法を与えていこう．

定義 3.5

$z \in \mathbb{R}$ と確率変数 X に対して，$E(z^X)$ を X の**母関数** (generating function) という．また，$t \in \mathbb{R}$ に対して，$E(e^{tX})$ を X の**積率母関数** (moment generating function) という．

$z > 0$ と $t \in \mathbb{R}$ に対して，$e^t = z$ とすると

$$E(e^{tX}) = E(z^X)$$

を得る．以下では，積率母関数を中心に話を進めていく[4]．

X が離散型確率変数であり，確率関数を $f(x)$ とすると，積率母関数は

$$E(e^{tX}) = \sum_{x \in U} e^{tx} f(x)$$

と計算できる．一方，X が連続型確率変数であり，確率密度関数を $f(x)$ とすると

$$E(e^{tX}) = \int_{-\infty}^{\infty} e^{tx} f(x)\, dx$$

である．

積率母関数が t について微分可能であるとすると

$$\frac{d}{dt} E(e^{tX}) = E(Xe^{tX}) \tag{3.8}$$

を得るので，$t = 0$ で微分可能であれば

$$\left. \frac{d}{dt} E(e^{tX}) \right|_{t=0} = E(X)$$

となる．一般には，$t = 0$ で n 階微分可能であれば

$$\left. \frac{d^n}{dt^n} E(e^{tX}) \right|_{t=0} = E(X^n)$$

が得られる．

例 3.9　ポアソン分布

X をパラメータ λ のポアソン分布に従う確率変数とする．このとき積率母関数は，指数関数のマクローリン展開より

$$E(e^{tX}) = \sum_{x=0}^{\infty} \frac{(\lambda e^t)^x}{x!} e^{-\lambda} = e^{\lambda e^t} e^{-\lambda} = e^{\lambda(e^t - 1)}$$

---

[4] 特に断りが無い限りは積率母関数が有限である範囲のみを扱う．

である. $t \in \mathbb{R}$ で微分可能であり

$$\frac{d}{dt}E(e^{tX}) = \lambda e^t e^{\lambda(e^t-1)} = \lambda e^{\lambda(e^t-1)+t},$$

$$\frac{d^2}{dt^2}E(e^{tX}) = \lambda(\lambda e^t + 1)e^{\lambda(e^t-1)+t}$$

である. よって

$$E(X) = \frac{d}{dt}E(e^{tX})\Big|_{t=0} = \lambda,$$

$$E(X^2) = \frac{d^2}{dt^2}E(e^{tX})\Big|_{t=0} = \lambda(\lambda+1)$$

となり, $V(X) = \lambda$ を得る.

例 3.10　指数分布

X をパラメータ λ の指数分布に従う確率変数とすると, その積率母関数は $t < \lambda$ とすると, $\displaystyle\lim_{x\to\infty} e^{(t-\lambda)x} = 0$ なので

$$E(e^{tX}) = \int_0^\infty \lambda e^{-\lambda x} e^{tx}\, dx = \frac{\lambda}{\lambda - t}, \quad t < \lambda$$

であり

$$\frac{d}{dt}E(e^{tX}) = \frac{\lambda}{(\lambda-t)^2}, \qquad \frac{d^2}{dt^2}E(e^{tX}) = \frac{2\lambda}{(\lambda-t)^3}$$

である. よって

$$E(X) = \frac{d}{dt}E(e^{tX})\Big|_{t=0} = \lambda^{-1},$$

$$E(X^2) = \frac{d^2}{dt^2}E(e^{tX})\Big|_{t=0} = 2\lambda^{-2}$$

となり, $V(X) = \lambda^{-2}$ を得る.

問題 3.13

(1) X がパラメータ p のベルヌーイ分布に従うとき, X の積率

母関数，期待値，分散を求めよ．

(2) X がパラメータ p の幾何分布に従うとき，X の積率母関数，期待値，分散を求めよ．

(3) n を正の整数，$\lambda > 0$ とし，連続型確率変数 X の確率密度関数 $f(x)$ が以下で与えられるとする．

$$f(x) = \begin{cases} \dfrac{\lambda^n}{(n-1)!} x^{n-1} e^{-\lambda x}, & x > 0, \\ 0, & x \leq 0. \end{cases}$$

X の従う分布をパラメータ λ の n 次アーラン分布と呼ぶ．X の積率母関数を求め，期待値と分散を求めよ．

積率母関数からも期待値や分散を計算することができ，さらに n 次積率 $E(X^n)$ を求めることができる．積率母関数にはそれ以上の意味があり，分布を決定づけるものであることが知られている．

定理 3.4

任意の t に対して $E(e^{tX}) = E(e^{tY})$ であるならば，確率変数 X と Y は同一分布に従う．

定理 3.4 の証明は，非常に難しいので本書では省略する．興味がある読者は [20] や [21] などの確率論の本を参照されたい．

例 3.11 ベルヌーイ分布，二項分布

例 2.22 で導出した，互いに独立で同一のベルヌーイ分布に従う確率変数の和が，二項分布に従うことを積率母関数を用いて示そう．n を正の整数とし，$X_1, X_2, \ldots, X_n$ を互いに独立でパラメータ p のベルヌーイ分布に従う確率変数とする．任意の $t \in \mathbb{R}$ に対して $e^{tX_1}, e^{tX_2}, \ldots, e^{tX_n}$ も互いに独立であるので，定理 3.1 の (v) と問題 3.13 の (1) より

$$E(e^{t(X_1+X_2+\cdots+X_n)}) = E(e^{tX_1})E(e^{tX_2})\cdots E(e^{tX_n})$$
$$= ((1-p)+pe^t)^n$$

である．一方，$Y_n \sim B(n,p)$ とし，積率母関数を求めると，二項定理より

$$E(e^{tY_n}) = \sum_{x=0}^{n} {}_nC_x(pe^t)^x(1-p)^{n-x} = ((1-p)+pe^t)^n$$

となるので，任意の t に対して，Y_n と $X_1 + X_2 + \cdots + X_n$ の積率母関数は一致する．よって，定理 3.4 より，Y_n と $X_1 + X_2 + \cdots + X_n$ は同一分布に従い，$X_1 + X_2 + \cdots + X_n$ はパラメータ (n,p) の二項分布に従う．

問題 3.14(*)

$X_1, X_2, \ldots, X_n$ が互いに独立で同一分布に従い，パラメータ λ の指数分布に従うとする．$Y_n = X_1 + X_2 + \cdots + X_n$ としたとき，Y_n がパラメータ λ の n 次アーラン分布に従うことを示せ．

特性関数（*）　～～～～～～～～～～～～～～～～～　コラム ～～

i を虚数単位としたとき，$\varphi(t) = E(e^{itX})$ で定義される $\varphi(t)$ を X の特性関数という．0 を除いたすべての実数に対して，積率母関数が無限大に発散する分布（t 分布，ワイブル分布，コーシー分布など）もあるが，特性関数は

$$|\varphi(t)| = |E(e^{itX})| \leq E\left(|e^{itX}|\right) = 1, \qquad t \in \mathbb{R}$$

であるので，すべての実数で存在する．よって，厳密な議論をする場合は，特性関数を用いるべきである．定理 3.4 についても，多くの本では特性関数の形で記述されている（Lévy の反転公式といわれている．確率論の本 [20] や [21] など参照のこと）．

第 4 章

正規分布

　正規分布は理論的にきれいな性質を持っている．例えば，互いに独立な確率変数が同一の指数分布に従うとき，例 2.23 からそれらの和の分布は指数分布にならないが，互いに独立な確率変数が正規分布に従うとき，その和の分布は再び正規分布になることが知られている．本章では，統計学においても重要である正規分布の性質を紹介する．

4.1   正規分布の性質

2.4節の (iv) で紹介したが，非常に重要なので改めて正規分布の
定義を載せておく．

定義 4.1

$\mu \in \mathbb{R}, \sigma > 0$ とする．連続型確率変数 X の確率密度関数
$f(x)$ が

$$f(x) = \frac{1}{\sqrt{2\pi\sigma^2}} e^{-\frac{(x-\mu)^2}{2\sigma^2}}, \qquad x \in \mathbb{R} \tag{4.1}$$

で与えられるとき，X の従う分布をパラメータ (μ, σ^2) の**正規
分布** (normal distribution) といい，$X \sim N(\mu, \sigma^2)$ と表記す
る．また，$\mu = 0, \sigma = 1$ である正規分布を**標準正規分布** (stan-
dard normal distribution) という．

(4.1) より，正規分布の確率密度関数 $f(x)$ のグラフは，$x = \mu$
で対称なグラフである．すなわち，$x \in \mathbb{R}$ に対して $f(\mu - x) =$
$f(\mu + x)$ である．よって，標準正規分布の確率密度関数は偶関数
であり，図 4-1 のように $x = 0$ で対称なグラフを描き，$x = 0$ で最
大値をとる関数となる．

次に，標準正規分布の期待値と分散を積率母関数を使って計算し
よう．$X \sim N(0, 1)$ としたとき，その積率母関数は

$$E(e^{tX}) = \int_{-\infty}^{\infty} e^{tx} \frac{1}{\sqrt{2\pi}} e^{-\frac{x^2}{2}} \, dx = \int_{-\infty}^{\infty} \frac{1}{\sqrt{2\pi}} e^{-\frac{x^2 - 2tx + t^2}{2} + \frac{t^2}{2}} \, dx$$

$$= e^{\frac{t^2}{2}} \int_{-\infty}^{\infty} \frac{1}{\sqrt{2\pi}} e^{-\frac{(x-t)^2}{2}} \, dx = e^{\frac{t^2}{2}}$$

である．最後の等式は，被積分関数がパラメータ $(t, 1)$ の正規分布
の確率密度関数であり，その全積分が 1 であることを利用した．

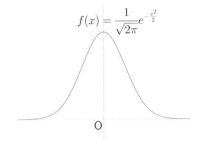

$$f(x) = \frac{1}{\sqrt{2\pi}} e^{-\frac{x^2}{2}}$$

O

図 4-1 標準正規分布の確率密度関数のグラフ

よって

$$\frac{d}{dt} E(e^{tX}) = t e^{\frac{t^2}{2}}, \qquad \frac{d^2}{dt^2} E(e^{tX}) = e^{\frac{t^2}{2}} + t^2 e^{\frac{t^2}{2}}$$

であるので

$$E(X) = \frac{d}{dt} E(e^{tX}) \Big|_{t=0} = 0, \quad E(X^2) = \frac{d^2}{dt^2} E(e^{tX}) \Big|_{t=0} = 1,$$

$$V(X) = E(X^2) - (E(X))^2 = 1$$

が得られる. 一般には $X \sim N(\mu, \sigma^2)$ であるとき

$$E(e^{tX}) = e^{\mu t + \frac{1}{2} \sigma^2 t^2}, \qquad E(X) = \mu, \qquad V(X) = \sigma^2 \qquad (4.2)$$

となる. つまり, 正規分布は期待値と分散で確率密度関数が決まる分布である.

問題 4.1

(4.2) を確認せよ.

$X \sim N(\mu, \sigma^2)$ としたとき, 標準化した確率変数は標準正規分布に従う.

定理 4.1

$X \sim N(\mu, \sigma^2)$ であるとき，$a \neq 0$ と $b \in \mathbb{R}$ に対して

$$aX + b \sim N(a\mu + b, (a\sigma)^2). \qquad (4.3)$$

よって，標準化した確率変数は

$$\frac{X - E(X)}{\sqrt{V(X)}} = \frac{X - \mu}{\sigma} \sim N(0, 1). \qquad (4.4)$$

[証明]　期待値の線形性（定理 3.1 の (ii)）と (4.2) より

$$E\left(e^{t(aX+b)}\right) = e^{bt} E\left(e^{atX}\right) = e^{bt} e^{\mu(at) + \frac{1}{2}\sigma^2 (at)^2} = e^{(a\mu+b)t + \frac{1}{2}(a\sigma)^2 t^2}$$

となり，パラメータ $(a\mu + b, (a\sigma)^2)$ の正規分布の積率母関数と一致するため，定理 3.4 より (4.3) を得る．よって，$a = \dfrac{1}{\sigma}, b = -\dfrac{\mu}{\sigma}$ とすれば，(4.4) を得る． $\qquad\square$

同様に定理 3.4 を使うことにより，互いに独立な確率変数が正規分布に従うとき，その和も正規分布に従うことが証明できる．

定理 4.2　**正規分布の再生性**

確率変数 X_1, X_2 が互いに独立であり，$X_1 \sim N(\mu_1, \sigma_1^2), X_2 \sim N(\mu_2, \sigma_2^2)$ を満たすとき

$$X_1 + X_2 \sim N(\mu_1 + \mu_2, \sigma_1^2 + \sigma_2^2). \qquad (4.5)$$

定理 4.1 と定理 4.2 より直ちに以下の結果を得る．

定理 4.3

n を正の整数とし，$X_1, X_2, \ldots, X_n$ が互いに独立で同一分布に従い，$X_i \sim N(\mu, \sigma^2)(i = 1, 2, \ldots, n)$ であるとする．こ

のとき, $\overline{X} = \dfrac{1}{n}\sum_{i=1}^{n} X_i \sim N\left(\mu, \dfrac{\sigma^2}{n}\right)$ であり, その標準化
した確率変数 Z は

$$Z = \frac{\overline{X} - \mu}{\sigma/\sqrt{n}} \sim N(0,1)$$

である.

問題 4.2

定理 4.2 と定理 4.3 を示せ.

4.2 χ^2 分布, t 分布, F 分布

統計学においては, 確率変数の従う分布を正規分布に仮定したとき, そこから派生する分布も重要である. 具体的には, 2.4 節で紹介した χ^2 分布, t 分布, F 分布のことである. 本節ではこれらの分布の性質を紹介する.

$X \sim N(0,1)$ としたとき, 例 2.16 で, $X^2 \sim \chi_1^2$ であることを確率密度関数を直接求めることにより示した. ここでは, X_1 と X_2 が互いに独立で標準正規分布に従うとき, $X_1^2 + X_2^2 \sim \chi_2^2$ であることを積率母関数を求めることにより示す.

$X_i^2 \sim \chi_1^2 (i = 1, 2)$ より, $t < \dfrac{1}{2}$ としたとき, X_i^2 の積率母関数は

$$E(e^{tX_i^2}) = \frac{1}{\sqrt{2}\Gamma(1/2)} \int_0^\infty x^{-\frac{1}{2}} e^{-\left(\frac{1}{2}-t\right)x}\, dx.$$

ここで, $u = \left(\dfrac{1}{2} - t\right)x$ と変数変換すると, $t < \dfrac{1}{2}$ で

$$E(e^{tX_i^2}) = \frac{1}{\sqrt{2}\Gamma(1/2)} \int_0^\infty \left(\frac{u}{1/2-t}\right)^{-\frac{1}{2}} e^{-u} \frac{1}{1/2-t}\, du = \frac{1}{\sqrt{1-2t}}.$$

最後の等式は，$\Gamma(1/2) = \int_0^\infty u^{-\frac{1}{2}} e^{-u}\, du$ を用いている．X_1 と X_2 が互いに独立であるので

$$E(e^{t(X_1^2 + X_2^2)}) = E(e^{tX_1^2})E(e^{tX_2^2}) = \frac{1}{1 - 2t}, \qquad t < \frac{1}{2}.$$

一方，$Y \sim \chi_2^2$ とすると，Y の積率母関数は，$\Gamma(1) = 1$ より

$$E(e^{tY}) = \int_0^\infty \frac{1}{2\Gamma(1)} e^{-\left(\frac{1}{2} - t\right)x}\, dx = \frac{1}{1 - 2t}, \qquad t < \frac{1}{2}$$

を得る．よって，Y と $X_1^2 + X_2^2$ の積率母関数が一致するので，定理 3.4 より $X_1^2 + X_2^2 \sim \chi_2^2$ を得る．一般には次の結果を得る．

定理 4.4

　n を正の整数とし，連続型確率変数 $X_1, X_2, \ldots, X_n$ が互いに独立であり，標準正規分布に従う確率変数とする．このとき，$X_1^2 + X_2^2 + \cdots + X_n^2$ は自由度 n の χ^2 分布に従う，すなわち，$\sum_{i=1}^n X_i^2 \sim \chi_n^2$ である．

さらに，定理 4.4 から χ^2 分布についても再生性が成立する．

系 4.1　χ^2 分布の再生性

　n, m を正の整数とし，連続型確率変数 X, Y が互いに独立であり，$X \sim \chi_n^2, Y \sim \chi_m^2$ とする．このとき，$X + Y \sim \chi_{n+m}^2$.

問題 4.3

　定理 4.4 と系 4.1 を示せ．

次に t 分布と F 分布の性質について 2 つ紹介する．

定理 4.5

n を正の整数とする．連続型確率変数 X, Y は互いに独立であるとし，$X \sim N(0,1), Y \sim \chi_n^2$ とする．このとき，$\dfrac{X}{\sqrt{Y/n}}$ は自由度 n の t 分布に従う，すなわち

$$\frac{X}{\sqrt{Y/n}} \sim t_n.$$

定理 4.6

連続型確率変数 X, Y は互いに独立であるとし，$X \sim \chi_n^2, Y \sim \chi_m^2$ とする．このとき，$\dfrac{X/n}{Y/m}$ は自由度 (n, m) の F 分布に従う，すなわち

$$\frac{X/n}{Y/m} \sim F_m^n.$$

　統計学において標本分布と呼ばれる概念がある（詳細は 5 章を参照のこと）．定理 4.5 と定理 4.6 は，標本分布を用いた形の結果で紹介される場合が多い．本書でも標本分布を用いた形の結果も記述する（定理 5.2 と定理 5.4 を参照のこと）．

4.3　付表の使い方

　本節では，標準正規分布表などの使い方について説明を行う．統計学における信頼区間や仮説検定を実際の問題に応用する際に，必ず値として求め，結論を導かなければならない．その際に「分布の値」が必要となってくる．確率変数 X が標準正規分布に従うとき，X の「分布の値」は確率密度関数

$$f(x) = \frac{1}{\sqrt{2\pi}} e^{-\frac{x^2}{2}}, \qquad x \in \mathbb{R}$$

を定積分することにより求まるが，特別な場合でない限り定積分を
正確に求めることは困難である．一方，近似法や数値積分による近
似解を求めることは可能である．実際に Mathematica 11.0 を使う
と，$f(x)$ の 0 から 2.5 までの定積分は 0.49379 という答えを返す．
つまり，

$$P(0 \leq X \leq 2.5) = \int_0^{2.5} \frac{1}{\sqrt{2\pi}} e^{-\frac{x^2}{2}} \, dx \fallingdotseq 0.49379$$

である．統計学に応用する際は，これらの近似解を使用する．近似
解が列挙されている表を付表という．本書では巻末の付録 D に標
準正規分布表，χ^2 分布表，t 分布表，F 分布表の 4 つの付表を載
せておく．

　まず，分布の上側点を定義しよう．本書では，連続型確率変数の
上側点のみを扱う．

定義 4.2

　連続型確率変数 X が分布 F に従い，確率密度関数 $f(x)$ を
持つとする．$0 < \alpha < 1$ としたとき

$$P(X \geq x(\alpha)) = \int_{x(\alpha)}^{\infty} f(x) \, dx = \alpha$$

を満たす実数 $x(\alpha)$ を分布 F の**上側 $100\alpha\%$ 点**という．

　X が連続型確率変数であり，任意の x に対して $P(X = x) = 0$
であるため（問題 2.13 (3) を参照のこと），

$$P(X \geq x(\alpha)) = P(X > x(\alpha)) + P(X = x(\alpha)) = P(X > x(\alpha))$$
$$(4.6)$$

となる．また，統計学の信頼区間や仮説検定において，上側 $100\alpha\%$

点と同等に下側 100α％ 点，すなわち

$$P(X \leq x) = \alpha$$

を満たす x の値も重要である．簡単な計算から，下側 100α％ 点は $x(1 - \alpha)$ であることが分かる.

問題 4.4

下側 100α％ 点が $x(1 - \alpha)$ と表現できることを示せ.

問題 4.5

$P\left(x\left(1 - \dfrac{\alpha}{2}\right) \leq X \leq x\left(\dfrac{\alpha}{2}\right)\right) = 1 - \alpha$ を示せ.

慣例的に，標準正規分布の上側 100α％ 点を $z(\alpha)$ もしくは z_α と表記する．本書では $z(\alpha)$ の表記を使う．また，χ^2 分布，t 分布，F 分布の上側 100α％ 点は自由度によって値が異なるため，それぞれ自由度をつけて $\chi_n^2(\alpha)$，$t_n(\alpha)$，$F_m^n(\alpha)$ と表記される.

では，付表の使い方に移ろう.

4.3.1　標準正規分布表

標準正規分布表は D.1 節で与えられている．D.1 節の付表には，0 以上の上側点，すなわち $z \geq 0$ に対して

$$\int_z^\infty \frac{1}{\sqrt{2\pi}} e^{-\frac{x^2}{2}} dx$$

の値が与えられている．例えば，$z = 1.96$ を見てみると 0.0250 となっているが，これは

$$\int_{1.96}^\infty \frac{1}{\sqrt{2\pi}} e^{-\frac{x^2}{2}} dx = 0.0250 \tag{4.7}$$

を表しており，$\alpha = 0.0250$ とすると $100\alpha = 2.50$ より，標準正規

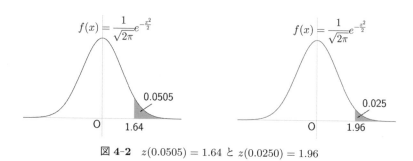

図 4-2　$z(0.0505) = 1.64$ と $z(0.0250) = 1.96$

分布の上側 2.50% 点が 1.96，すなわち $z(0.0250) = 1.96$ である．$z(0.0505) = 1.64$ と $z(0.0250) = 1.96$ を面積（リーマン積分）の図で表すと，図 4-2 となる．

近似記号は使わない（∗）　〰〰〰〰〰〰〰〰〰〰　コラム 〰〰

より正確には，(4.7) は近似記号 $\fallingdotseq$ を使って
$$\int_{1.96}^{\infty} \frac{1}{\sqrt{2\pi}} e^{-\frac{x^2}{2}}\, dx \fallingdotseq 0.0250$$
であり，$z(0.0250) \fallingdotseq 1.96$ と書くべきかもしれない．ただし，多くの統計学の本では，近似記号を使わずに等号を使って話を進めている．本書でも等号で話を進めていくが，近似であることを頭の片隅に置いておこう．

標準正規分布の上側点を求めることによって，他の確率についても求めることができる．

例 4.1

$Z \sim N(0, 1)$ としたとき，$P(Z \le 1.96)$，$P(Z \le -1.96)$，$P(0 \le Z \le 1.96)$ を求めてみよう．$z(0.025) = 1.96$ であるので

$$P(Z \ge 1.96) = 0.025$$

である．ここで，(4.6) を用いると

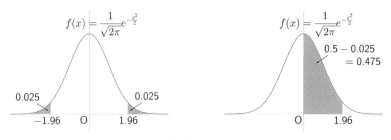

図 4-3 標準正規分布の値の求め方

$$P(Z \leq 1.96) = 1 - P(Z > 1.96) = 1 - P(Z \geq 1.96) = 0.975$$

を得る. さらに, 標準正規分布の確率密度関数が $x = 0$ で対称 (偶関数) であることを用いると

$$P(Z \leq -1.96) = P(Z \geq 1.96) = 0.025,$$

$$P(0 \leq Z \leq 1.96) = P(0 \leq Z < \infty) - P(Z > 1.96) = 0.475$$

を得る.

このように, 上側点を利用し, 各確率を求めることができる. 例 4.1 など, 標準正規分布の値を求めるときは, 図 4-3 のように図を用いると考えやすくなる.

例 4.1 から, $\alpha = 0.025$ としたとき, 下側 2.5% 点は, $z(0.975) = -1.96 = -z(0.025)$ である. これは, 標準正規分布の確率密度関数が $x = 0$ で対称であるためで, 下側 100α% 点は $z(1 - \alpha) = -z(\alpha)$ である.

例 4.2

$X \sim N(1, 3^2)$ としたとき, $P(X \geq 6.88)$ を求めてみよう. 定理 4.1 より

$$Z = \frac{X-1}{3} \sim N(0,1)$$

であるので

$$P(X \geq 6.88) = P\left(\frac{X-1}{3} \geq \frac{6.88-1}{3}\right) = P(Z \geq 1.96)$$
$$= 0.025.$$

例 4.2 のように，正規分布に関する確率を求めたいときは，定理 4.1 を使い標準正規分布に従う確率変数を作って，求めることができる.

例 4.3

$Z \sim N(0,1)$ としたとき，$P(Z \leq z) = 0.0495$ となる z を求めてみよう. $P(Z \leq z) < 0.5$ より，z は負の値であることが分かる. 標準正規分布の対称性より

$$P(Z \leq z) = P(Z \geq -z) = 0.0495$$

であるから，$-z = 1.65$ となり，$z = -1.65$ を得る. すなわち，$z(1 - 0.0495) = z(0.9505) = -z(0.0495) = -1.65$ である.

問題 4.6

$Z \sim N(0,1), X \sim N(-2, 2^2)$ としたとき，以下を求めよ.
(i) $z(0.0735)$　　　　　　(ii) $P(Z \leq -1.13)$

(iii) $z(0.695)$　　　　　　(iv) $P(-0.50 \leq Z < 1.32)$

(v) $P(-1.96 < Z \leq 1.96)$　(vi) $P(-3.00 \leq X \leq 0.64)$

問題 4.7

$Z \sim N(0,1)$ としたとき，以下を満たす z を求めよ.

(i) $P(Z \geq z) = 0.1762$ (ii) $P(Z \leq z) = 0.7995$

(iii) $P(Z < z) = 0.2061$ (iv) $P(-z \leq Z < z) = 0.901$

注意 4.1

統計学において，信頼区間や仮説検定を応用として用いるときに，$\alpha = 0.1, 0.05, 0.025, 0.01, 0.005$ などが使われる（詳細は 7 章と 8 章を参照のこと）．しかし，付録 D の標準正規分布表を見ても，$\alpha = 0.05$ に対応する上側点 $z(0.05)$ の値など，載っていない場合が多い．一方，$z(0.0505) = 1.64$ であり，$z(0.0495) = 1.65$ である．よって，ここでも近似の値として，多くの統計学の本では $z(0.05) = 1.64$，もしくは $z(0.05) = 1.65$ として計算を行うのが通例である．

4.3.2 χ^2 分布表，t 分布表，F 分布表

初等的な統計学においては，互いに独立で同一な正規分布に従う確率変数を扱う場合も多い．そのため，4.2 節でも紹介した正規分布から生成される分布も出てくるため，それらの分布の値である χ^2 分布表，t 分布表，F 分布表もよく使われる．

まず，χ^2 分布について説明をしよう．2.4 節の (v) で紹介した確率密度関数を見て分かるとおり，標準正規分布と違い対称性がないことに注意しよう．自由度 n の χ^2 分布の上側 $100\alpha\%$ 点 $\chi_n^2(\alpha)$ は，χ^2 分布表の n と α を決定することによって，求めることができる．例えば，$n = 4$ と $\alpha = 0.025$ を付録 D の χ^2 分布表に照らし合わせると，11.14 であるので，$\chi_4^2(0.025) = 11.14$ である．さらに，$n = 4$ と $\alpha = 0.975$ を表に照らし合わせると，$\chi_4^2(0.975) = 0.48$ であることが分かる．ここで，標準正規分布表と違い，χ^2 分布表においては α が大きい値もあることに注意しよう．標準正規分布の場合，対称性があるため，下側 $100\alpha\%$ 点は $-z(\alpha)$ となる．しかし，前述のとおり，χ^2 分布は対称性がないため，下側 $100\alpha\%$ 点を別に計算しなければならない．下側 $100\alpha\%$ 点は $\chi_n^2(1 -$

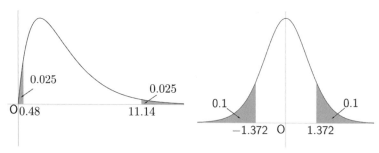

図 4-4　自由度 4 の χ^2 分布の上側　図 4-5　自由度 10 の t 分布の上側
2.5% 点と下側 2.5% 点　　　　　　　10% 点と下側 10% 点

α) で計算できるため，$n = 4, \alpha = 0.025$ とすると下側 2.5% 点は
$\chi_4^2(1 - 0.025) = \chi_4^2(0.975) = 0.48$ と計算できる．

　次に t 分布表に移ろう．2.4 節の (vi) の確率密度関数より，$f(x)$
$= f(-x)$ を得るため，偶関数であり，標準正規分布と同様に $x =$
0 で対称な関数である．すなわち，標準正規分布と同様，自由度 n
の t 分布の上側 $100\alpha\%$ 点 $t_n(\alpha)$ に対して，下側 $100\alpha\%$ 点は
$t_n(1 - \alpha) = -t_n(\alpha)$ である．χ^2 分布表と同様，自由度 n と α を指
定すれば，求めることができる．例えば，$n = 10, \alpha = 0.1$ とする
と，$t_{10}(0.1) = 1.372$（小数第 4 位を四捨五入）であり，下側 10%
点は $t_{10}(0.90) = t_{10}(1 - 0.1) = -t_{10}(0.1) = -1.372$ となる．

　最後に F 分布表を説明しよう．2.4 節の (vii) の確率密度関数よ
り F 分布は偶関数でないため対称性が使えないが，以下の F 分布
の性質より，下側 $100\alpha\%$ 点を求めることができる．

補題 4.1

　　$X \sim F_m^n$ とすると，$\dfrac{1}{X} \sim F_n^m$．

　補題 4.1 より，自由度 (m, n) の F 分布上側 $100\alpha\%$ 点 $F_n^m(\alpha)$ を
使って，下側 $100\alpha\%$ 点は $F_m^n(1 - \alpha) = 1/F_n^m(\alpha)$ である．なお，

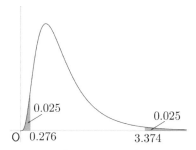

図 4-6　自由度 $(10, 12)$ の F 分布の上側 2.5% 点と下側 2.5% 点
$F_{12}^{10}(0.025) = 3.374, F_{12}^{10}(0.975) = 1/F_{10}^{12}(0.025) = 1/3.621 \fallingdotseq 0.276$

χ^2 分布, t 分布同様, $F_m^n(\alpha)$ は F 分布表の (n, m) と α を決定することによって求めることができる.

問題 4.8

(1) 付録 D の付表を使い, 以下を求めよ.

  (i) $\chi_2^2(0.05)$　　(ii) $\chi_{10}^2(0.99)$　(iii) $t_3(0.01)$　(iv) $t_7(0.90)$

  (v) $F_3^5(0.025)$　(vi) $F_8^2(0.95)$

(2) $F_m^n(1 - \alpha) = 1/F_n^m(\alpha)$ を示せ.

4.4　大数の法則と中心極限定理 (*)
....

本節では, $\overline{X} = (X_1 + X_2 + \cdots + X_n)/n$ について考察を行う. 以下では, $X_1, X_2, \ldots, X_n$ が互いに独立で同一分布に従う確率変数であるとする. まず, コインの例を使って考えてみよう.

例 4.4 | コイン投げ

表の出る確率が $\dfrac{1}{2}$ であるコインを投げる試行を考える. i 回目 $(i = 1, 2, \ldots, n)$ の結果を表す確率変数を X_i とすると, X_i はパ

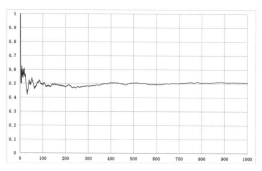

図4-7　$n = 1000$ までの $\overline{X}$ の推移

ラメータ $\dfrac{1}{2}$ のベルヌーイ分布に従う，すなわち，$X_i = 0$ もしく

は $X_i = 1$ の値をとり，$P(X_i = 0) = P(X_i = 1) = \dfrac{1}{2}$ となる．

さらに，例 2.22 より $X_1 + X_2 + \cdots + X_n$ はパラメータ $\left(n, \dfrac{1}{2}\right)$ の

二項分布に従う．では，$\overline{X}$ はどのような挙動になるであろうか．

　図4-7は，$\overline{X}$ の挙動について，$n = 1000$ としてコンピュー

タで1回のシミュレーションを行なった結果を表している．図

4-7を見ると，0と1の間を動き，500以降ではほぼ $\dfrac{1}{2}$ であるこ

とが見て取れる．すなわち，n を大きく取ると，$\overline{X}$ は $\dfrac{1}{2}$ に近づ

くことが考察できる．一方，各 $X_1, X_2, \ldots, X_n$ の期待値も $\dfrac{1}{2}$ で

あり，$\overline{X}$ が近づく値と一致する．

　例 4.4 では，実験回数を多くすれば，データの平均が確率分布の期待
値（確率分布の平均）に近づいていくことを表している．これを**大数の
法則** (law of large numbers) という．

$\boxed{\textbf{定理 4.7}}$　**大数の弱法則**

　$X_1, X_2, \ldots$ が互いに独立で同一分布に従い，その期待値 μ が有

限であるとする[1]. このとき，任意の $\epsilon > 0$ に対して

$$\lim_{n \to \infty} P\left(\left|\frac{1}{n}(X_1 + X_2 + \cdots + X_n) - \mu\right| > \epsilon\right) = 0.$$

定理 4.8   **大数の強法則**

$X_1, X_2, \ldots$ が互いに独立で同一分布に従い，その期待値 μ が有限であるとする[1]. このとき

$$P\left(\lim_{n \to \infty} \frac{1}{n}(X_1 + X_2 + \cdots + X_n) = \mu\right) = 1.$$

大数の弱法則，強法則ともに証明は容易ではない．詳細な証明は，参考文献に挙げている確率論の本 [12]–[21] などを参照されたい．

大数の法則により，$\overline{X}$ が期待値へ収束する確率が 1 であることが分かった．では，$\overline{X}$ はどのようなばらつきを持つか．これは，$\overline{X}$ の確率関数や確率密度関数を考えればよい．例 4.4 のコイン投げについて，$\overline{X}$ の従う分布について考えてみよう．

例 4.5

例 4.4 で取り上げたコイン投げについて考える．$X_1, X_2, \ldots,$ X_n が互いに独立でパラメータ $\frac{1}{2}$ のベルヌーイ分布に従い，$n\overline{X}$ $= X_1 + X_2 + \cdots + X_n$ はパラメータ $\left(n, \frac{1}{2}\right)$ の二項分布に従う．よって，$\overline{X}$ の確率関数を求めることが可能であり

$$f_{\overline{X}}(x) = P(\overline{X} = x) = \frac{{}_n\mathrm{C}_{nx}}{2^n}, \qquad x = 0, \frac{1}{n}, \frac{2}{n}, \ldots, \frac{n-1}{n}, 1$$

となる．ここで，x の範囲が非負整数値ではないことに注意する．$n = 100$ としたときの $\overline{X}$ の確率関数のグラフと，$\overline{X} - E(\overline{X})$ $= \overline{X} - \frac{1}{2}$ の確率関数のグラフが図 4-8 となる．図 4-8 の右のグラフは左のグラフを平行移動し，0 が中心になるようにしたもの

---

1)   分散が無限大に発散しても大数の法則は成立する．

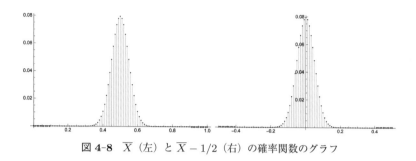

図 4-8　$\overline{X}$（左）と $\overline{X} - 1/2$（右）の確率関数のグラフ

であり，右のグラフは標準正規分布の確率密度関数のグラフ図 4-1 に酷似している．

このように，パラメータ $\dfrac{1}{2}$ のベルヌーイ分布について，$\overline{X} - \dfrac{1}{2}$ の確率関数は標準正規分布に近いことが考察できる．$\overline{X}$ を標準化した確率変数を（定理 3.3 を参照のこと）

$$Z_n = \frac{\overline{X} - E(\overline{X})}{\sqrt{V(\overline{X})}} = \frac{\overline{X} - \mu}{\sigma/\sqrt{n}}$$

とすると，$\overline{X}$ のばらつきは，中心極限定理 (central limit theorem) により結論付けることができる．

定理 4.9　**中心極限定理**

$X_1, X_2, \dots$ が互いに独立で同一分布に従い，その期待値 μ と分散 σ^2 が有限であるとする．さらに，$\overline{X} = (X_1 + X_2 + \cdots + X_n)/n$ を標準化した確率変数を Z_n とし，Z_n の分布関数を $F_n(x)$ とする．このとき

$$\lim_{n \to \infty} F_n(x) = \int_{-\infty}^{x} \frac{1}{\sqrt{2\pi}} e^{-\frac{1}{2}t^2} \, dt, \qquad x \in \mathbb{R}$$

が成立する．すなわち，Z_n の従う分布は標準正規分布に収束する．

　中心極限定理の証明も容易ではない．証明は確率論の本などを参照されたい．ガウス（Gauss）は，データが与えられたときに，どのようなばらつきを持ち，どのような分布を描くのかを研究し，その分布が正規分布になることを発見した．定理 4.9 の中心極限定理は統計学において「正規近似」を利用する根拠の一つとなっている．詳細は 7 章と 8 章を参照してほしい．

確率変数特有の収束 ～～～～～～～～～～～～～～～ コラム ～～

　　本来であれば，大数の法則や中心極限定理を学ぶ際に，確率変数に関する収束の概念（概収束，確率収束，法則収束など）を理解する必要がある．本書では省略したが，詳細を知りたい読者は，本書で紹介している確率論の本やそれらの参考図書を参照されたい．

ガウス（1777–1855）

第 **5** 章

標本分布

　得られたデータから平均値や分散を計算することは，計算機
が発達した今ではそう難しいことではない．では，その平均値
や分散の計算方法に関する妥当性や信頼性を考えたことはある
だろうか．それらを議論するために，母集団と標本を導入し，
推測手法の信頼性を見積もることを考える．本章では，母集団
分布と無作為標本を導入し，統計量の分布である標本分布につ
いて考える．特に，正規母集団における代表的な標本分布を導
出する．

5.1 母集団と標本

　実験・調査を行うときの興味ある調査対象の集団を**母集団** (population) と呼ぶ．母集団が小規模であるならば，全数調査も可能である．例えば，ある小学校の 4 年 5 組 36 名における学力に関して調べたい場合である．しかし，日本全国の小学 4 年生の学力に関して調査する場合は，集団の規模が大きくなり全数調査には時間とお金が必要となるから実際に行うことは難しくなってくる．また，ある工場で製造される製品について良品か不良品かを調べたい場合なども全数調査は実質不可能であろう．全数調査が難しい場合においては，母集団から**標本** (sample) を**無作為抽出** (random sampling) によって取り出して調査する標本調査が行われる．無作為抽出とは，母集団のすべての要素が，等しく選択される機会をもち，引き続く抽出が独立であるようなものである．無作為抽出するのは，母集団の縮図となるように標本をとりたいからである．作為的に標本を選んだのでは，そこから得られる推論結果は母集団の特性と異なるものになることは想像に易い．無作為抽出法を用いる考え方は，昔から豚汁の味見にたとえられる．鍋いっぱいに豚汁を作りその味を確認するとき，必ず鍋の豚汁をよくかき混ぜてから味見をするだろう．かき混ぜる前の豚汁は，上の方は味噌味が薄く，底の方は味噌味が濃い．つまり，確認したい味が偏っているのである．したがって，正しく味を推定するためによくかき混ぜるのである．この行為が無作為化（ランダム化）であり，その重要性が直感的に理解できるだろう．

　図 5-1 は，日本全国の小学 4 年生の学力に関する調査を例とした標本調査の概念図である．この例の場合，母集団が日本の小学 4 年生の全体であり，標本が母集団から無作為抽出された 300 人の小学 4 年生である．

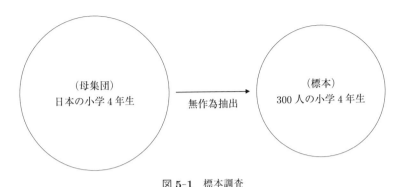

図 5-1 標本調査

有限母集団と無限母集団 〰〰〰〰〰〰〰〰 コラム 〰〰

個体の個数が有限の母集団を**有限母集団**, 個体の個数が無限の母集団を**無限母集団**という. 有限母集団の場合は, 復元抽出と非復元抽出とでは, 一般には異なる結果になるため, 有限母集団特有の議論が必要となる. 一方, 無限母集団では, 復元抽出のように, 次の抽出に影響を及ぼさないと考える. また, 有限母集団の場合でも, 大規模母集団を対象にした標本調査では, 有限母集団修正 $(N-n)/(N-1)$ が近似的に 1 に等しく, 多くの場合にその影響を無視できる. ここに, N は有限母集団の要素の数, n は有限母集団から無作為抽出によって取り出される要素の数である (例えば, [5] や [6] を参照).

統計的な意味での興味の対象は, 母集団それ自身ではなく, 母集団の各要素の特徴を数量化した特性値 X である. 例えば, 小学4年生の模擬試験の点数, 工場で生産される製品の寿命, などである. 特性値 X の値は母集団の各要素ごとに変動するので, X のことを母集団確率変数といい, その確率分布 P を**母集団分布** (population distribution) という. 母集団分布 P を定める関数を $f(x)$ とする. ここでは, 関数 $f(x)$ として確率密度関数や確率関数を想定する. 母集団分布のもつ特性値を**母数** (population parameter) といい, **母平均** (population mean) や**母分散** (population variance)

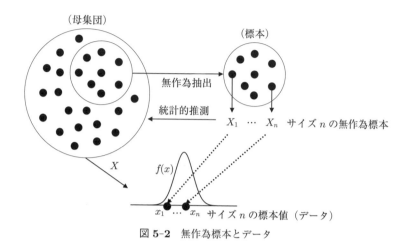

図 5-2　無作為標本とデータ

がその例である．ここに，母平均（μ と記す）は母集団分布 P の平均 $E(X)$ であり，母分散（σ^2 と記す）は母集団分布 P の分散 $V(X)$ である．

　確率変数 $X_1, X_2, \ldots, X_n$ が互いに独立で同一の母集団分布 P に従うとき，**無作為標本** (random sample) という．ここに，n を**標本の大きさ** (sample size) という．**推測統計** (inferential statistics) の場合，母集団から無作為に取り出した母集団の一部であるサイズ n のデータ，すなわち，データが n 個の数値 $x_1, x_2, \ldots, x_n$ からなるとき，各 x_i は観測するまで値がわからないから，母集団分布と同一の確率分布に従う確率変数 X_i の**実現値**（標本値）として x_i を捉える．つまり，観測されたデータ $x_1, x_2, \ldots, x_n$ を無作為標本 $X_1, X_2, \ldots, X_n$ の１つの実現値として捉えるのである．このことから，確率論を用いて推測に関する信頼性を見積もることが可能になる．図 5-2 は無作為標本とデータの関係を図示したものである．一方，**記述統計** (descriptive statistics) の場合，数値 $x_1, x_2, \ldots, x_n$ を確率変数の実現値として捉えずに，数値 $x_1, x_2, \ldots, x_n$ からなるサイズ n のデータとしてヒストグラムを描いたり，平均値や分散などを計算してデータの傾向などを調べる．

　統計的推測の目的は，無作為標本 $X_1, X_2, \ldots, X_n$ を用いて信頼度の高い推測方法を構成し，サイズ n のデータ $x_1, x_2, \ldots, x_n$ から関心のあるパラメータを精度よく推測することである．無作為標本 $X_1, X_2, \ldots, X_n$ を用いて推論を行う場合，無作為標本の実数値関数（母数を含んでいないもの）

$$T = t(X_1, X_2, \ldots, X_n)$$

を用いる．この T を統計量 (statistic) といい，その確率分布を標本分布 (sampling distribution) という．また，統計量 T の X_1, $X_2, \ldots, X_n$ を観測されたデータ $x_1, x_2, \ldots, x_n$ に置き換えた $t(x_1, x_2, \ldots, x_n)$ を統計量 T の実現値という（詳細は 6 章を参照）．

　本章では以下において，母平均の推定によく用いられる標本平均，母分散の推定によく用いられる標本分散，および母集団分布の分布関数の推定に用いられる経験分布関数を紹介する．また，母集団分布が正規分布の場合に得られる代表的な標本分布を導出する．

問題 5.1

　ある市の政策についての賛否を問うために，その市に住む有権者の中から無作為に 400 人を選び，その政策についての賛否を聞いた．

(i)　母集団を答えよ．

(ii)　標本の大きさを答えよ．

5.2　標本平均

　無作為標本 $X_1, X_2, \ldots, X_n$ を用いて，未知なる母平均 μ を推定することを考える．無作為標本 $X_1, X_2, \ldots, X_n$ は互いに独立に同

一の母集団分布 P に従うから，

$$\mu = E(X) = E(X_1) = E(X_2) = \cdots = E(X_n),$$
$$\sigma^2 = V(X) = V(X_1) = V(X_2) = \cdots = V(X_n)$$

を満たすことに注意する．

　まず，高校数学を思い出そう．変量 x に関する n 個の数値 x_1, $x_2, \ldots, x_n$ からなるデータに対して，集団の中心的傾向を示す代表値の一つである平均値

$$\overline{x} = \frac{1}{n} \sum_{i=1}^{n} x_i$$

を習った．ここで，

$$t(x_1, x_2, \ldots, x_n) = \frac{x_1 + x_2 + \cdots + x_n}{n}$$

とおいて，

$$T = t(X_1, X_2, \ldots, X_n) = \frac{1}{n} \sum_{i=1}^{n} X_i = \overline{X}$$

を用いて μ を推定することを考えよう．この $\overline{X}$ を**標本平均** (sample mean) という．このとき，標本平均 $\overline{X}$ は平均値 $\overline{x}$ の数値 x_1, $x_2, \ldots, x_n$ を無作為標本 $X_1, X_2, \ldots, X_n$ に置き換えたものと見てとれる．

　標本平均 $\overline{X}$ は確率変数である．$X_1, X_2, \ldots, X_n$ が無作為標本であることから，$E(X_1) = E(X_2) = \cdots = E(X_n) = \mu$ に注意すると，$\overline{X}$ の平均（期待値）は定理 3.1 より

$$E(\overline{X}) = E\left(\frac{1}{n} \sum_{i=1}^{n} X_i \right) = \frac{1}{n} \sum_{i=1}^{n} E(X_i) = \mu \tag{5.1}$$

となる．つまり，$\overline{X}$ は μ にピッタリと一致はしないが，平均は μ

に一致する．言い換えると，標本平均 $\overline{X}$ は確率変数だから μ を中心にばらつく性質を持つことがわかる．また，$X_1, X_2, \ldots, X_n$ が無作為標本であることから，$X_1, X_2, \ldots, X_n$ が互いに独立であることと $V(X_1) = V(X_2) = \cdots = V(X_n) = \sigma^2$ に注意すると，標本平均 $\overline{X}$ の分散は定理 3.2 より

$$V(\overline{X}) = V\left(\frac{1}{n}\sum_{i=1}^{n} X_i\right) = \frac{1}{n^2}\sum_{i=1}^{n} V(X_i) = \frac{\sigma^2}{n} \qquad (5.2)$$

となる．つまり，標本の大きさ n が大きいとき，標本平均 $\overline{X}$ は μ の近くに現れる可能性が高い．見方を変えると，標本平均 $\overline{X}$ の μ を中心としたばらつきは n が大きくなるにつれて 0 に近づくから，n が十分に大きいならば一度の実験（観測）で μ の推定は十分に可能であると考えられる．このように，母集団分布と無作為標本を導入することによって，標本平均 $\overline{X}$ の期待値や分散から平均値 $\overline{x}$ の信頼性を見積もることが出来た．

統計量の分散 〜〜〜〜〜〜〜〜〜〜〜〜〜〜〜 コラム 〜

母集団分布に正規分布を想定した無作為標本 $X_1, X_2, \ldots, X_{100}$ を考える．このとき，統計量 $T_2 = (X_1 + X_2)/2$，統計量 $T_{100} = (\sum_{i=1}^{100} X_i)/100$ とする．平均 50，分散 100 の正規分布に従う乱数 $x_1, x_2, \ldots, x_{100}$ を生成し，T_2 および T_{100} の実現値を計算する．つまり，$t_2 = (x_1 + x_2)/2$，$t_{100} = (\sum_{i=1}^{100} x_i)/100$ である．これを 100 回繰り返し，その結果をヒストグラムで表したものが図 5-3 である．T_2 は，最初の 2 つの数値の平均と考えることができる．同様に，T_{100} は，100 個すべての数値の平均と考えることができる．T_2 と T_{100} ともに，平均 50 を中心に分布していることを図 5-3 から確認できる．これを理論的に保証しているのが，(5.1) である．また，T_2 の実現値のばらつきは，T_{100} の実現値のばらつきよりも大きいことが図 5-3 から見てとれる．これを理論的に保証しているのが，

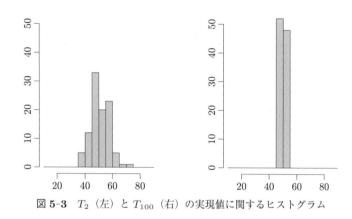

図 5-3　T_2（左）と T_{100}（右）の実現値に関するヒストグラム

（5.2）であり，実際に n が大きい方が推定精度（ばらつきが小さいという意味）が高いことを図 5-3 から見てとれる.

問題 5.2

表 5-1 は，北海道で獲れた毛ガニの性別（オス，メス），重さ（単位：g），図 5-4 で表される甲幅（単位：mm）を表したものである.

$\overline{x}$ を標本平均 $\overline{X}$ の実現値としたとき，以下の問いに答えよ.

(i) オスの重さについて，標本平均 $\overline{x}$ を求めよ.

(ii) メスの重さについて，標本平均 $\overline{x}$ を求めよ.

(iii) オスの甲幅について，標本平均 $\overline{x}$ を求めよ.

(iv) メスの甲幅について，標本平均 $\overline{x}$ を求めよ.

表 5-1

メス		オス	
重さ	甲幅	重さ	甲幅
217	77	348	83
161	69	309	84
198	78	331	86
240	81	448	95
299	85	425	93
197	73	480	96
251	79	321	86
206	78	392	91
218	77	330	87
202	82	428	90
194	76	472	101
181	71	218	76
122	64	520	104
214	78	363	90
189	77	303	85

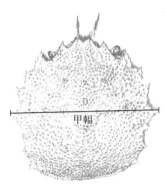

図 5-4　毛ガニの甲幅

5.3　標本分散

　無作為標本 $X_1, X_2, \ldots, X_n$ を用いて，母分散 σ^2 を推定することを考える．標本平均のときと同様に高校数学を思い出すと，変量 x に関する n 個の数値 $x_1, x_2, \ldots, x_n$ からなるデータに対して，データのばらつきを表す指標である分散

$$\sigma^2(x) = \frac{1}{n} \sum_{i=1}^{n} (x_i - \overline{x})^2$$

を習った．ここで，

$$t(x_1, x_2, \ldots, x_n) = \frac{(x_1 - \overline{x})^2 + (x_2 - \overline{x})^2 + \cdots + (x_n - \overline{x})^2}{n}$$

とおいて，

$$T = t(X_1, X_2, \ldots, X_n) = \frac{1}{n}\sum_{i=1}^{n}(X_i - \overline{X})^2 = S^2$$

を用いて推定することを考えよう．このとき，S^2 は分散 $\sigma^2(x)$ の数値 $x_1, x_2, \ldots, x_n$ を無作為標本 $X_1, X_2, \ldots, X_n$ に置き換えたものと見てとれる．この S^2 を**標本分散** (sample variance) と呼ぶ．標本分散 S^2 の平均を求めると

$$
\begin{aligned}
E(S^2) &= \frac{1}{n}E\left(\sum_{i=1}^{n}\left((X_i - \mu) - (\overline{X} - \mu)\right)^2\right)\\
&= \frac{1}{n}\left(\sum_{i=1}^{n}E\left((X_i - \mu)^2\right) - nE\left((\overline{X} - \mu)^2\right)\right)\\
&= \frac{n-1}{n}\sigma^2
\end{aligned}
$$

となり，$E(S^2)$ は σ^2 に一致しない．そこで，S^2 を修正した

$$U^2 = \frac{n}{n-1}S^2 = \frac{1}{n-1}\sum_{i=1}^{n}(X_i - \overline{X})^2$$

を考える．この U^2 を**不偏分散**と呼ぶ．不偏分散の平均を求めると

$$E(U^2) = E\left(\frac{n}{n-1}S^2\right) = \frac{n}{n-1}E(S^2) = \sigma^2$$

となり，$E(U^2)$ は σ^2 に一致する．

　標本分散 S^2 は標本の大きさ n が十分に大きいとき $\dfrac{n-1}{n}$ が 1 に近づくから，平均が σ^2 に近づく．しかし，n が小さいときには σ^2 に $\dfrac{n-1}{n}$ が掛かるため，過少に推定している可能性があるので注意が必要である．一方，不偏分散 U^2 は σ^2 にピッタリと一致はしないが，平均は σ^2 に一致する．以上から，n が十分に大きいとき標本分散 S^2，不偏分散 U^2 ともに σ^2 を中心にばらつく性質を持つことがわかる．また，標本分散 S^2 の分散を求めると

$$V(S^2) = \frac{(n-1)^2}{n^3}\left(\mu_4 - \frac{n-3}{n-1}\sigma^4\right) \qquad (5.3)$$

となる. ただし, $\mu_4 = E\left((X_i - \mu)^4\right)(i = 1, 2, \ldots, n)$ である. 一方, 不偏分散 U^2 の分散を求めると

$$V(U^2) = \frac{1}{n}\left(\mu_4 - \frac{n-3}{n-1}\sigma^4\right) \qquad (5.4)$$

となる. つまり, 標本の大きさ n が十分に大きいとき, 標本分散 S^2 と不偏分散 U^2 はともに σ^2 の近くに現れる可能性が高い. 見方を変えると, 標本分散 S^2 と不偏分散 U^2 の σ^2 を中心としたばらつきは, n が大きくなるにつれて 0 に近づくから, n が十分に大きいならば一度の実験 (観測) で σ^2 の推定は十分に可能であると考えられる.

問題 5.3

無作為標本 $X_1, X_2, \ldots, X_n$ を実現値 $x_1, x_2, \ldots, x_n$ に置き換えた S^2 と U^2 をそれぞれ s^2 と u^2 とする (つまり, s^2 と u^2 はそれぞれ S^2 と U^2 の実現値である). 問題 5.2 のデータに対して, 以下の問いに答えよ.

(i) オスの重さについて, 標本分散 s^2 と不偏分散 u^2 を求めよ.

(ii) メスの重さについて, 標本分散 s^2 と不偏分散 u^2 を求めよ.

(iii) オスの甲幅について, 標本分散 s^2 と不偏分散 u^2 を求めよ.

(iv) メスの甲幅について, 標本分散 s^2 と不偏分散 u^2 を求めよ.

問題 5.4(*)

(1) (5.3) を証明せよ.

(2) (5.4) を証明せよ.

5.4　標本分布関数 (∗)

無作為標本 $X_1, X_2, \ldots, X_n$ を用いて母集団分布 P の分布関数 $F(x)$ の推定を考える. そのため, 無作為標本 $X_1, X_2, \ldots, X_n$ を小さい順に並べ替えたものを

$$X_{(1)} \leq X_{(2)} \leq \cdots \leq X_{(n)}$$

とおく. このとき, $X_{(1)}, X_{(2)}, \ldots, X_{(n)}$ をこの標本の**順序統計量** (order statistic) と呼ぶ. 例えば, $X_{(1)} = \min\{X_1, X_2, \ldots, X_n\}$, $X_{(n)} = \max\{X_1, X_2, \ldots, X_n\}$ である. ここで, 特性値 X の分布関数 $F(x) = P(X \leq x)$ を

$$\hat{F}_n(x) = \frac{1}{n} \sum_{i=1}^{n} I_i(x)$$

で推定することを考える. ただし, 実数 x と $i = 1, 2, \ldots, n$ に対して

$$I_i(x) = \begin{cases} 0, & X_i > x, \\ 1, & X_i \leq x \end{cases}$$

とする. $\hat{F}_n(x)$ を**標本分布関数** (sample distribution function) または**経験分布関数** (empirical distribution function) という. $\hat{F}_n(x)$ は x 以下となる X_i の個数を n で割ったものであり, 無作為標本の実現値 $x_1, x_2, \ldots, x_n$ を固定すると標本分布関数は階段関数となり分布関数の性質 (F1)-(F3) を満たす. つまり, 各 x_i に確率 $\frac{1}{n}$ を与える分布の分布関数とみることができる. 一方, x を固定すると, $\hat{F}_n(x)$ は確率変数である. さらに, $\hat{F}_n(x)$ は, 順序統計量を用いて

$$\hat{F}_n(x) = \begin{cases} 0, & x < X_{(1)}, \\ \dfrac{i}{n}, & X_{(i)} \leq x < X_{(i+1)}, \ i = 1, 2, \ldots, n-1, \\ 1, & x \geq X_{(n)} \end{cases}$$

と表すこともできる.

$I_i(x)$ は定義関数（すなわち確率変数, 例 2.9 参照のこと）であり, 問題 2.13 (2) より

$$P(I_i(x) = 1) = P(X_i \leq x) = F(x),$$
$$P(I_i(x) = 0) = P(X_i > x) = \overline{F}(x) = 1 - F(x)$$

である. このとき, $X_1, X_2, \ldots, X_n$ は互いに独立なので, $I_1(x), I_2(x),$ $\ldots, I_n(x)$ は互いに独立でパラメータ $F(x)$ のベルヌーイ分布に従う確率変数であることが分かる. ここで

$$n\hat{F}_n(x) = \sum_{i=1}^{n} I_i(x)$$

であるから, 例 2.22（もしくは例 3.11）より $n\hat{F}_n(x)$ はパラメータ $(n, F(x))$ の二項分布に従う. したがって, $n\hat{F}_n(x)$ の期待値と分散は $E(n\hat{F}_n(x)) = nF(x), V(n\hat{F}_n(x)) = nF(x)(1 - F(x))$ であるから,

$$E(\hat{F}_n(x)) = F(x), \quad V(\hat{F}_n(x)) = \frac{F(x)(1 - F(x))}{n}$$

を得る. 以上から, 標本の大きさ n が十分に大きいとき, 標本分布関数 $\hat{F}_n(x)$ は $F(x)$ の近くに現れる可能性が高い. また, 標本分布関数 $\hat{F}_n(x)$ の $F(x)$ を中心としたばらつきは, n が大きくなるにつれて 0 に近づくこともわかる.

問題 5.5

問題 5.2 のメスの重さデータについて, 経験分布関数のグラフを作成せよ.

5.5　正規分布からの標本

　母集団分布 P が平均 μ，分散 σ^2 の正規分布の場合を考える．こ
れを特に正規母集団と呼ぶ．言い換えれば，（母集団）確率変数 X
の従う確率分布が平均 μ，分散 σ^2 の正規分布である場合である．
さて，母集団分布に正規分布を仮定する場合は多いのだろうか．図
5-5 は，35 匹の毛ガニ（オス）の甲幅に関するヒストグラムと正
規分布の密度関数を同時に示している．ただし，ヒストグラムの高
さは，各階級の度数を 35×5 で割ったものであり，重ねている密
度（実線）は，平均 83.8，分散 108.33 の正規分布の密度関数であ
る．図 5-5 を見ると，密度関数の近似であるヒストグラムと正規
分布の密度関数が似た形状であることを確認できる．このような場
合には，得られたデータの母集団分布に正規分布を仮定することは
良さそうである．実際に，毛ガニの甲幅以外にも，例えば，人間の
血圧値や身長，試験の点数などを特性値とする場合には，母集団分
布に正規分布を仮定することがある．そこで，以下では正規母集団
における標本分布に関するいくつかの結果を定理として与える．定
理の証明は，本文には収録せず付録 A にまとめた．統計的推測を
早く学びたい読者は，定理さえ覚えておけば十分であろう．（証明
に関心のある読者は，ぜひ付録 A を確認してほしい．）これらは，
正規母集団における統計的推測において重要な役割を果たす．

　ここでの関心は，正規母集団 $N(\mu, \sigma^2)$ からの無作為標本 X_1,
$X_2, \ldots, X_n$ の関数である統計量 $T = t(X_1, X_2, \ldots, X_n)$ の標本分
布である．注意するべきは，無作為標本 $X_1, X_2, \ldots, X_n$ は互いに
独立で，同一の正規分布 $N(\mu, \sigma^2)$ に従うことである．それでは，
正規母集団の標本分布について考えてみよう．$X_1, X_2, \ldots, X_n$ は
互いに独立で同一の正規分布に従うから，標本平均 $\overline{X}$ について定
理 4.3 より次の系を得る．

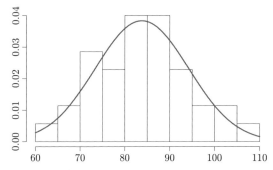

図 5-5 35 匹の毛ガニ（オス）の甲幅に関するヒストグラムと正規分布の密度関数

系 5.1

正規母集団 $N(\mu, \sigma^2)$ からの無作為標本を $X_1, X_2, \ldots, X_n$ とする. 標本平均 $\overline{X}$ は, 平均 μ, 分散 σ^2/n の正規分布に従う. よって, $\overline{X}$ を標準化した $\dfrac{\sqrt{n}(\overline{X} - \mu)}{\sigma}$ は平均 0, 分散 1 の正規分布に従う.

標本平均 $\overline{X}$ の平均と分散は 5.2 節で求めたが, その確率分布を求めることは一般に困難である. 一方, 正規母集団の場合には標本平均 $\overline{X}$ が先に求めた平均と分散をパラメータにもつ正規分布に従うことが示された点に注意されたい.

また, 定理 4.3 と定理 4.4 より, 直ちに次の系を得る.

系 5.2

正規母集団 $N(\mu, \sigma^2)$ からの無作為標本を $X_1, X_2, \ldots, X_n$ とするとき $Y = \sum_{i=1}^{n}(X_i - \mu)^2/\sigma^2$ は自由度 n の χ^2 分布に従う.

問題 5.6

系 5.2 を証明せよ.

　　平均 μ と分散 σ^2 がともに既知の場合，確率変数 X_1 の実現値 x_1，確率変数 X_2 の実現値 x_2，以下同様にして確率変数 X_n の実現値 x_n を代入することで Y の実現値が計算可能である．しかし，応用の場面において μ と σ^2 がともに既知である場合は少なく（両方とも既知であれば，統計的な推測の必要はない），どちらか一方が未知，または両方とも未知である場合が多い．その場合，無作為標本の実現値 $x_1, x_2, \ldots, x_n$ から Y の実現値を計算することができない．そこで，Y の μ を統計量 $\overline{X}$ に置き換えた $\sum_{i=1}^{n}(X_i - \overline{X})^2/\sigma^2$ の分布を考えよう．

定理 5.1

　　正規母集団 $N(\mu, \sigma^2)$ からの無作為標本を $X_1, X_2, \ldots, X_n$ とする．このとき，$\overline{X}$ と $\sum_{i=1}^{n}(X_i - \overline{X})^2$ は独立である．また，$\sum_{i=1}^{n}(X_i - \overline{X})^2/\sigma^2$ は自由度 $n-1$ の χ^2 分布に従う．

　　定理 5.1 の証明については付録 A.1 を参照されたい．いま，

$$\sum_{i=1}^{n} \frac{(X_i - \mu)^2}{\sigma^2} = \frac{n(\overline{X} - \mu)^2}{\sigma^2} + \sum_{i=1}^{n} \frac{(X_i - \overline{X})^2}{\sigma^2}$$

であり，系 5.2 より左辺は自由度 n の χ^2 分布に従う．また，系 5.1 より右辺の第一項は自由度 1 の χ^2 分布に従い，それと独立に定理 5.1 より右辺の第二項が自由度 $n-1$ の χ^2 分布に従うことがわかる．また，標本分散 S^2 や不偏分散 U^2 を用いて

$$\sum_{i=1}^{n} \frac{(X_i - \overline{X})^2}{\sigma^2} = \frac{nS^2}{\sigma^2} = \frac{(n-1)U^2}{\sigma^2}$$

と表せ，自由度 $n-1$ の χ^2 分布に従う．定理 5.1 は，正規母集団における分散 σ^2 の区間推定や検定などで役に立つ．

さらに，標本平均 $\overline{X}$ を標準化した $\dfrac{\sqrt{n}(\overline{X}-\mu)}{\sigma}$ の σ を統計量 $U=\sqrt{U^2}$ に置き換えた $\dfrac{\sqrt{n}(\overline{X}-\mu)}{U}$ の分布を求めよう．

定理 5.2

正規母集団 $N(\mu,\sigma^2)$ からの無作為標本を $X_1, X_2, \ldots, X_n$ とするとき，$\dfrac{\sqrt{n}(\overline{X}-\mu)}{U}$ は自由度 $n-1$ の t 分布に従う[1]．

系 5.1 から $\dfrac{\sqrt{n}(\overline{X}-\mu)}{\sigma}$ は標準正規分布に従う．また，定理 5.1 から $\dfrac{(n-1)U^2}{\sigma^2}$ は $\dfrac{\sqrt{n}(\overline{X}-\mu)}{\sigma}$ と独立で自由度 $n-1$ の χ^2 分布に従う．このとき，

$$\frac{\sqrt{n}(\overline{X}-\mu)}{U} = \frac{\sqrt{n}(\overline{X}-\mu)/\sigma}{\sqrt{(n-1)U^2/(n-1)\sigma^2}}$$

であるから，定理 4.5 を認めれば $\dfrac{\sqrt{n}(\overline{X}-\mu)}{U}$ が自由度 $n-1$ の t 分布に従うことがわかる．定理 5.2 は，正規母集団における平均 μ の区間推定や検定などで役に立つ．また，標本分散 S^2 は $nS^2=(n-1)U^2$ を満たすので $\dfrac{\sqrt{n-1}(\overline{X}-\mu)}{S}$ も自由度 $n-1$ の t 分布に従う．

次に，正規母集団が 2 つある場合を考える．例えば，毛ガニのオスのグループと毛ガニのメスのグループの 2 つを考えよう．図 5-6 は毛ガニのオスの甲幅（35 匹）とメスの甲幅（41 匹）のデータに関する箱ひげ図[2]である．一見すると 2 つのグループの平均値に差がありそうである．しかし，この差が偶然生じたものかどうか，箱ひげ図だけから判断することは難しい．そこで以下では，こ

---

1)　定理 5.2 の証明については付録 A.2 を参照されたい．
2)　基本的な箱ひげ図は図 5-6 のように，第 1 四分位数と第 3 四分位数で箱の両端を，最小値と最大値でひげの端をそれぞれ表すグラフであり，ヒストグラムと同様の情報を簡略化して表したものである．さらなる詳細は [9] を参照されたい．

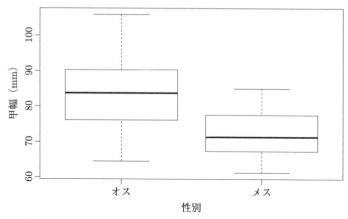

図 5-6　35 匹のオスの甲幅と 41 匹のメスの甲幅に関する箱ひげ図

のような 2 つのグループ間の平均値や分散に関する統計的推測を
するための重要な結果を紹介する.

　無作為標本 $X_1, X_2, \ldots, X_n$ は平均 μ_1, 分散 σ^2 の正規分布に従
うとし, 無作為標本 $Y_1, Y_2, \ldots, Y_m$ は平均 μ_2, 分散 σ^2 の正規分布
に従うとする. ただし, $(X_1, X_2, \ldots, X_n)$ と $(Y_1, Y_2, \ldots, Y_m)$ は独
立であるとする. ここに, 2 つの母集団の母分散が等しいことに注
意する. いま, それぞれの標本平均と標本分散を

$$\overline{X} = \frac{1}{n} \sum_{i=1}^{n} X_i, \quad \overline{Y} = \frac{1}{m} \sum_{j=1}^{m} Y_j,$$
$$S_1^2 = \frac{1}{n} \sum_{i=1}^{n} (X_i - \overline{X})^2, \quad S_2^2 = \frac{1}{m} \sum_{j=1}^{m} (Y_j - \overline{Y})^2$$

とする.

定理 5.3

　正規母集団 $N(\mu_1, \sigma^2)$ からの無作為標本を $X_1, X_2, \ldots, X_n$,
正規母集団 $N(\mu_2, \sigma^2)$ からの無作為標本を $Y_1, Y_2, \ldots, Y_m$ とす
る. このとき,

$$\frac{\sqrt{n+m-2}((\overline{X}-\overline{Y})-(\mu_1-\mu_2))}{\sqrt{(1/n+1/m)(nS_1^2+mS_2^2)}}$$

は自由度 $n+m-2$ の t 分布に従う.

標本平均 $\overline{X}$ と $\overline{Y}$ は独立であるから,標本平均の差 $\overline{X}-\overline{Y}$ は平均 $\mu_1-\mu_2$,分散 $\left(\dfrac{1}{n}+\dfrac{1}{m}\right)\sigma^2$ の正規分布に従う.したがって,

$$Z=\frac{(\overline{X}-\overline{Y})-(\mu_1-\mu_2)}{\sqrt{(1/n+1/m)\sigma^2}}$$

は平均 0,分散 1 の正規分布に従う.また,各母集団の母分散の推定量を用いた

$$V=\frac{nS_1^2}{\sigma^2}+\frac{mS_2^2}{\sigma^2}$$

は,χ^2 分布の再生性(系 4.1)より自由度 $n+m-2$ の χ^2 分布に従う.V と Z は互いに独立であることに注意すると,定理 4.5 より

$$\frac{Z}{\sqrt{V/(n+m-2)}}=\frac{\sqrt{n+m-2}((\overline{X}-\overline{Y})-(\mu_1-\mu_2))}{\sqrt{(1/n+1/m)(nS_1^2+mS_2^2)}}$$

は自由度 $n+m-2$ の t 分布に従うことがわかる.定理 5.3 は,2つの母集団に対する母平均の差の検定を考える際に役立つ.

定理 5.4

正規母集団 $N(\mu_1,\sigma^2)$ からの無作為標本を $X_1,X_2,\ldots,X_n$ とする.また,正規母集団 $N(\mu_2,\sigma^2)$ からの無作為標本を $Y_1,Y_2,\ldots,Y_m$ とする.このとき,

$$\frac{nS_1^2/(n-1)}{mS_2^2/(m-1)}$$

は自由度 $(n-1, m-1)$ の F 分布に従う[3].

$V = nS_1^2/\sigma^2$, $W = mS_2^2/\sigma^2$ とすると，定理 5.1 より V と W は互いに独立でそれぞれ自由度 $n-1$ と $m-1$ の χ^2 分布に従う．定理 4.6 を認めれば，

$$\frac{V/(n-1)}{W/(m-1)} = \frac{nS_1^2/(n-1)}{mS_2^2/(m-1)}$$

は，自由度 $(n-1, m-1)$ の F 分布に従うことがわかる．2 つの母集団の平均を比較する場合においては，2 つの母集団の分散が等しいことが重要である．定理 5.4 は，2 つの母集団に対する母分散の同等性の検定を考える際に役立つ．

---

3)　定理 5.4 の証明については付録 A.3 を参照されたい．

第 6 章

点推定

　点推定とは，得られた標本の実現値から，平均や分散などの母集団分布のもつ特性値を予測することである．このとき，闇雲に予測しても意味がないから，5章で導入した統計的推測の考え方に基づき点推定の最適性について考える．本章では，点推定の方法の評価基準として不偏性を紹介し，不偏性を有する推定量の分散最小化について考える．また，点推定値を求める具体的な方法として，最尤法とモーメント法を紹介する．

6.1　統計的推定

母集団分布 P の確率密度関数（または確率関数）を $f(x)$ または $f(x;\theta)$ と表記する. 特に, 関数 $f(x)$ がパラメータ θ に依存することを強調するために $f(x;\theta)$ を用いる. この母集団分布を特徴付ける θ は母数（パラメータ）である. 母数 θ の集まり Θ を母数空間 (parameter space) という. 本章では, 未知なる母数 θ は1つだけの場合を考える. つまり, $\Theta \subset \mathbb{R}$ である. パラメータ θ を無作為標本 $X_1, X_2, \ldots, X_n$ の関数 $t(X_1, X_2, \ldots, X_n)$ を用いて点推定 (point estimation) することを考える. この関数を T と書いて, θ の推定量 (estimator) という. $T = t(X_1, X_2, \ldots, X_n)$ であるため, 明らかに θ の推定量 T は統計量である. また θ の推定値 (estimate) とは, 無作為抽出により得られた大きさ n のデータ $x_1, x_2, \ldots, x_n$ を無作為標本 $X_1, X_2, \ldots, X_n$ の実現値とみなしたときの, $t(x_1, x_2, \ldots, x_n)$ の値をいう.

例えば, 全国の小学4年生の中から無作為抽出された10名の身長が,

138, 140, 135, 135, 143, 130, 137, 136, 141, 150（単位：cm）

であったとしよう. 標本平均 $\overline{X}$ で母平均 μ を推定するならば, 実現値を用いて

$$\overline{x} = \frac{1}{10}(138 + 140 + \cdots + 150) = 138.5$$

となり, これが推定値である. したがって, 全国の小学4年生の平均身長は 138.5 cm と推定される. 一方, サイズ10の標本の最後の2つだけからなる

$$T = t(X_1, X_2, \ldots, X_{10}) = \frac{X_9 + X_{10}}{2}$$

を用いて推定することを考えると，$\dfrac{141 + 150}{2} = 145.5$ が推定値となる．このように点推定をするための推定量 T は，無数に作ることができる．次節では，点推定を行うときの良さを評価する基準について考える．

問題 6.1

例として用いた 10 名の小学 4 年生の身長データにおいて，次に与える 3 つの推定量を用いて母平均 μ を推定したときの推定値を答えよ．

(i) $T_1 = X_1$

(ii) $T_2 = \dfrac{X_1 + X_2}{2}$

(iii) $T_3 = \dfrac{X_1 + X_2 + X_3}{3}$

6.2 不偏推定量

推定量の望ましい性質の一つに不偏性がある．

定義 6.1

任意の $\theta \in \Theta$ に対して，$T = t(X_1, X_2, \ldots, X_n)$ を用いて推定するとき，$E(T) = \theta$ を満たす T を θ の**不偏推定量** (unbiased estimator) という．

統計量 T と推定したいパラメータ θ との差 $T - \theta$ が 0 に近い方が良いとするのは自然な考え方である．そこで，差の 2 乗 $(T - \theta)^2$ について期待値をとると

$$E((T - \theta)^2) = V(T) + (E(T) - \theta)^2 \tag{6.1}$$

となる．(6.1) の左辺を平均二乗誤差 (mean square error) という．つまり，(6.1) は平均二乗誤差が統計量 T の分散 $V(T)$ と $(E(T) - \theta)^2$ に分けられることを示している．ここに，$E(T) - \theta$ を偏り (bias) と呼ぶ．したがって，不偏推定量はこの偏りがない推定量と考えることができる．また，$E(T) = \theta$ を満たす T を考えると，推定量の良さを比較するために必要となるのは，$V(T)$ のみとなることに注意する．その場合，T の分散と平均二乗誤差が一致することも重要である．

例 6.1

平均 μ （既知），分散 σ^2 （未知）の正規母集団からの無作為標本 $X_1, X_2, \ldots, X_n$ に対して，$V^2 = \frac{1}{n} \sum_{i=1}^{n} (X_i - \mu)^2$ とすると，

$$E(V^2) = \frac{1}{n} \sum_{i=1}^{n} E\left((X_i - \mu)^2\right) = \frac{1}{n} \sum_{i=1}^{n} V(X_i) = \sigma^2$$

であるから，統計量 V^2 は σ^2 の不偏推定量である．また，5.3 節で示したように，不偏分散 U^2 も分散 σ^2 の不偏推定量である．

例 6.1 で示すように，一般に不偏推定量は一意に定まらないことに注意する．

問題 6.2

(6.1) を示せ．

(6.1) から，パラメータ θ の不偏推定量のなかで，$V(T)$ が一番小さいものが良い推定量の一つであることがわかる．例えば，平均 μ （未知），分散 σ^2 （既知）の正規母集団からの無作為標本 X_1,

$X_2, \ldots, X_{10}$ に対して，

$$T_1 = \frac{1}{2}(X_1 + X_2), \quad T_2 = \frac{1}{3}(X_1 + X_2 + X_3), \quad T_3 = \frac{1}{10}\sum_{i=1}^{10} X_i$$

を考える．このとき，$E(T_1) = E(T_2) = E(T_3) = \mu$ であるから，T_1, T_2, T_3 はすべて不偏推定量である．分散については，

$$V(T_1) = \frac{1}{2}\sigma^2, \quad V(T_2) = \frac{1}{3}\sigma^2, \quad V(T_3) = \frac{1}{10}\sigma^2$$

となるから，$V(T_1) > V(T_2) > V(T_3)$ である．このとき，T_3 はばらつきが小さいという意味で最も良さそうである．では，不偏推定量の中で分散をどこまで小さくできるのだろうか．このことに関して，クラメール・ラオの不等式 (Cramér-Rao's inequality) が知られている．

定理6.1　クラメール・ラオの不等式

母集団分布 P からの無作為標本 $X_1, X_2, \ldots, X_n$ に対して，$T = t(X_1, X_2, \ldots, X_n)$ は θ の不偏推定量とする．このとき，ある条件の下で

$$V(T) \geq \frac{1}{nI(\theta)} \tag{6.2}$$

が成立する．ただし，$I(\theta)$ は

$$I(\theta) = E\left(\left(\frac{d\log f(X;\theta)}{d\theta}\right)^2\right) \tag{6.3}$$

で与えられる．

(6.3) で与えられる $I(\theta)$ をフィッシャー情報量 (Fisher information) という．ここに，X は母集団確率変数，$f(x;\theta)$ は母集団分布 P を定める関数である．不等式 (6.2) は，不偏推定量の分散を

$\dfrac{1}{nI(\theta)}$ より小さくすることができないことを意味しており,

$\dfrac{1}{nI(\theta)}$ をクラメール・ラオの下限という.

任意の $\theta \in \Theta$ に対して,$T = t(X_1, X_2, \ldots, X_n)$ を用いて推定する.θ の不偏推定量 T の分散 $V(T)$ がクラメール・ラオの下限と等しくなる T を θ の**有効推定量** (efficient estimator) という.

クラメール・ラオの不等式に関する注意 ❧❧ コラム ❧❧

クラメール・ラオの不等式の成立には,いくつかの標準的な条件（正則条件と呼ばれることもある）を仮定する必要がある.関心のある読者は,例えば [7] や [8] を参照されたい.また,正則条件の中に "$\{x|f(x;\theta) > 0\}$ が,θ に依存しない" があるため,例えば,区間 $[0, \theta]$ の一様分布は正則条件を満たさない.

平均 μ（未知）,分散 σ^2（既知）の正規母集団からの無作為標本 $X_1, X_2, \ldots, X_n$ に対して,標本平均 $\overline{X}$ が μ の有効推定量であることを確認しよう.推定したいパラメータは平均 μ であるから,$\theta = \mu$ と考えればよい.5.2 節において,$E(\overline{X}) = \mu$,$V(\overline{X}) = \dfrac{\sigma^2}{n}$ を示した.ここでは,フィッシャー情報量 $I(\mu)$ について考える.

$$\frac{d\log f(x;\mu)}{d\mu} = \frac{x - \mu}{\sigma^2}$$

であるから,

$$I(\mu) = \frac{1}{\sigma^4} E((X - \mu)^2) = \frac{1}{\sigma^2}.$$

したがって,

$$nI(\mu) = \frac{n}{\sigma^2}$$

である.このとき,$V(\overline{X}) = \dfrac{1}{nI(\mu)}$ が成立するから,$\overline{X}$ は μ の有効推定量である.

問題 6.3

$X_1, X_2, \ldots, X_n$ が互いに独立に同一のパラメータ λ の指数分布に従うとする．このとき，標本平均 $\overline{X}$ が λ^{-1} の有効推定量であることを証明せよ．

6.3 最尤推定量

推定量の構成によく用いられる最尤法について，まず例題を通して概観する．平均 μ（未知），分散 σ^2（既知）の正規母集団からの無作為標本 $X_1, X_2, \ldots, X_n$ の同時確率密度関数 $f_n(x_1, x_2, \ldots, x_n; \mu)$ は，

$$
\begin{aligned}
f_n(x_1, x_2, \ldots, x_n; \mu) &= \prod_{i=1}^{n} f(x_i; \mu) \\
&= \prod_{i=1}^{n} \frac{1}{\sqrt{2\pi\sigma^2}} \exp\left(-\frac{(x_i - \mu)^2}{2\sigma^2}\right) \quad (6.4)
\end{aligned}
$$

である．同時確率密度関数は，変数 $x_1, x_2, \ldots, x_n$ の関数であることに注意する．いま，実現値 $X_1 = x_1, X_2 = x_2, \ldots, X_n = x_n$ が得られたとする．σ^2 は既知であるため，(6.4) を実現値によって変数 $x_1, x_2, \ldots, x_n$ が固定されたパラメータ μ の関数と考えることにする．実現値 $x_1, x_2, \ldots, x_n$ に対して，$f_n(x_1, x_2, \ldots, x_n; \mu)$ の値は，μ によって大きくなったり小さくなったりする．つまり，得られた実現値は $f_n(x_1, x_2, \ldots, x_n; \mu)$ の値を大きくする μ をもつ正規母集団から得られたと考えるのが自然である．したがって，$f_n(x_1, x_2, \ldots, x_n; \mu)$ の値を最も大きくする μ を求めれば良さそうである．これが，最尤法の基本的な考え方である．

定義 6.2

同時確率（密度）関数 $f_n(x_1, x_2, \ldots, x_n; \theta)$ を $x_1, x_2, \ldots, x_n$ を所与として，θ の関数とした $L(\theta; x_1, x_2, \ldots, x_n)$ を**尤度関数** (likelihood function) という．つまり，

$$L(\theta; x_1, x_2, \ldots, x_n) = f_n(x_1, x_2, \ldots, x_n; \theta)$$

である．また，その対数をとったもの $\ell(\theta; x_1, x_2, \ldots, x_n) = \log L(\theta; x_1, x_2, \ldots, x_n)$ を**対数尤度関数** (log-likelihood function) という．

確率（密度）関数は，確率変数がとる値それぞれの出現しやすさを表したものであった．つまり，$f(x; \theta)$ が大きい x は出現しやすく，逆に $f(x; \theta)$ が小さい x は出現しにくい．尤度関数 $L(\theta; x_1, x_2, \ldots, x_n)$ は，$x_1, x_2, \ldots, x_n$ を所与とした θ の関数である．この節の冒頭でも述べたように，θ を動かして尤度関数を最大にする $\hat{\theta}$ を考えるのは自然な発想である．なぜなら，得られたデータ $x_1, x_2, \ldots, x_n$ の出現しやすさを最大にする $\hat{\theta}$ を選ぶことができれば，その $\hat{\theta}$ をパラメータとしてもつ母集団分布 P からの無作為標本の実現値が $x_1, x_2, \ldots, x_n$ に似た値となる可能性が高くなるからである．

定義 6.3

尤度関数（または対数尤度関数）を最大にする値 $\hat{\theta} = \hat{\theta}(x_1, x_2, \ldots, x_n)$ を**最尤推定値** (maximum likelihood estimate) といい

$$L(\hat{\theta}; x_1, x_2, \ldots, x_n) = \sup_{\theta \in \Theta} L(\theta; x_1, x_2, \ldots, x_n)$$

を満たす．また，$\hat{\theta}(X_1, X_2, \ldots, X_n)$ を θ の**最尤推定量** (maximum likelihood estimator) という.

定義 6.3 より, θ についての方程式

$$\frac{dL(\theta; x_1, x_2, \ldots, x_n)}{d\theta} = 0 \tag{6.5}$$

の解が θ の最尤推定値の候補になる. ここで, 対数関数は単調増加関数であるから, 尤度関数 $L(\theta; x_1, x_2, \ldots, x_n)$ の最大化は, 対数尤度関数の最大化と同値なので

$$\frac{d\ell(\theta; x_1, x_2, \ldots, x_n)}{d\theta} = 0 \tag{6.6}$$

を θ について解いてもよい. ここに (6.5), (6.6) を**尤度方程式**(likelihood equation) という.

例 6.2 正規母集団の平均の最尤推定量

平均 μ (未知), 分散 σ^2 (既知) の正規母集団からの無作為標本 $X_1, X_2, \ldots, X_n$ の同時確率密度関数 $f_n(x_1, x_2, \ldots, x_n; \mu)$ は, (6.4) であるから, 対数尤度関数は

$$\ell(\mu; x_1, x_2, \ldots, x_n) = -\frac{n}{2} \log\left(2\pi\sigma^2\right) - \frac{1}{2\sigma^2} \sum_{i=1}^{n}(x_i - \mu)^2$$

である. 対数尤度関数は μ の関数であり, 上に凸であるから尤度方程式

$$\frac{d\ell(\mu; x_1, x_2, \ldots, x_n)}{d\mu} = \frac{1}{\sigma^2} \sum_{i=1}^{n}(x_i - \mu) = 0 \tag{6.7}$$

の解が, 尤度関数を最大にする. (6.7) を解くと

$$\hat{\mu} = \frac{1}{n} \sum_{i=1}^{n} x_i = \overline{x}$$

となり，平均 μ の最尤推定量は $\overline{X}$ である．

例 6.2 の場合，最尤法によって構成された推定量が有効推定量でもあることに注意する．一般に，最尤推定量は良い性質を持つことが知られている．しかし，不偏性や有効性のような推定の誤差に関する記述は定義の中にはない．したがって，それぞれの問題設定において，最尤推定量が不偏性などを有するかどうか確認しなければならない．

尤度方程式を利用できない場合 〜〜〜〜〜〜 コラム 〜〜

区間 $[0, \theta]$ の一様分布に従う無作為標本 $X_1, X_2, \ldots,$ X_n の同時確率密度関数 $f_n(x_1, x_2, \ldots, x_n; \theta)$ は，

$$f_n(x_1, x_2, \ldots, x_n; \theta) = \left(\frac{1}{\theta}\right)^n, \quad 0 \le x_i \le \theta$$

(6.8)

で与えられるから，

$$\frac{d\ell(\theta; x_1, x_2, \ldots, x_n)}{d\theta} = \frac{d}{d\theta}(-n \log \theta) = -\frac{n}{\theta}$$

となる．よって，尤度方程式の解が存在しない．

このような場合は，原理に従って考えればよい．実現値 $x_1, x_2, \ldots, x_n$ を固定して，尤度関数 (6.8) を θ を動かして最大化すればよいのだから，θ を小さくすればよいことがわかる．しかし，$0 \le x_i \le \theta$ を満たさなければならないから，θ は $x_1, x_2, \ldots, x_n$ の最大値よりも小さくすることはできない．以上から，θ の最尤推定量は $\max(X_1, X_2, \ldots, X_n)$ である．

問題 6.4

(1) $X_1, X_2, \ldots, X_n$ が互いに独立で同一のパラメータ λ のポアソン分布に従うとする．このとき，λ の最尤推定量を求めよ．

(2) $X_1, X_2, \ldots, X_n$ が互いに独立で同一のパラメータ λ^{-1} の指

数分布に従うとする．このとき，λ の最尤推定量を求めよ．

6.4　モーメント推定量

推定量の構成について比較的簡単に推定量を見つけることができるモーメント法 (method of moment) を紹介する．

定義 6.4

母集団分布 P からの無作為標本を $X_1, X_2, \ldots, X_n$ とする．母集団の k 次積率を $\mu_k = E(X^k)$, k 次標本積率を

$$M_k = \frac{1}{n} \sum_{i=1}^{n} X_i^k$$

とする．θ を推定するパラメータとし，$\theta = h(\mu_1, \mu_2, \ldots, \mu_r)$ とする．このとき，$T = h(M_1, M_2, \ldots, M_r)$ を θ のモーメント推定量 (moment estimator) という．

例えば，母集団分布の平均 μ を推定したいパラメータとする．$\mu = E(X) = \mu_1$ より，モーメント推定量は，μ（つまり 1 次積率）を 1 次標本積率 M_1 に置き換えたものであるから，

$$\hat{\mu} = M_1 = \frac{1}{n} \sum_{i=1}^{n} X_i = \overline{X}$$

となる．したがって，モーメント法によって構成された推定量は，不偏性を満たす．次に，母集団分布の分散 σ^2 を推定したいパラメータとする．$\sigma^2 = V(X) = E(X^2) - (E(X))^2 = \mu_2 - \mu_1^2$ より，推定したいパラメータ σ^2 は 1 次積率 $\mu_1 = E(X)$ と 2 次積率 $\mu_2 =$

$E(X^2)$ の関数であることがわかる．したがって，モーメント推定量は，1次および2次積率をそれぞれ対応する標本積率に置き換えて，

$$\hat{\sigma}^2 = M_2 - (M_1)^2 = \frac{1}{n}\sum_{i=1}^{n} X_i^2 - \overline{X}^2 = S^2 \qquad (6.9)$$

となり，標本分散 S^2 と一致する．つまり，モーメント法によって構成された推定量は，不偏性を満たさない．しかし，5.3節で述べたように標本の大きさ n が十分に大きければ良い推定量である．

問題6.5

(6.9) を示せ．

第 **7** 章

区間推定

　推定量は確率変数であるから，その推定値は母数の値の周辺にばらつきをもって分布する．つまり，推定量の値だけでなくその誤差も含めて考えることが重要となる．そこで，母数の存在する範囲を推定することを考える．本章では，区間推定の基本的な考え方を紹介する．特に，正規母集団とベルヌーイ母集団における区間推定を扱う．

7.1　導入

　まず，高校数学を思い出そう．一般に，母平均 μ，母分散 σ^2 を
もつ母集団からの大きさ n の無作為標本 $X_1, X_2, \ldots, X_n$ の標本平
均 $\overline{X}$ は，n が十分に大きいとき，近似的に平均 μ，分散 $\dfrac{\sigma^2}{n}$ の正
規分布に従うことを学んだ．このことから，$Z = \dfrac{\sqrt{n}(\overline{X} - \mu)}{\sigma}$ は，
近似的に標準正規分布に従う．標準正規分布表を用いれば，

$$P(|Z| \leq 1.96) \fallingdotseq 0.95$$

であることがわかるから，これを書き換えて

$$P\left(\overline{X} - 1.96\frac{\sigma}{\sqrt{n}} \leq \mu \leq \overline{X} + 1.96\frac{\sigma}{\sqrt{n}}\right) \fallingdotseq 0.95$$

を得る．この式は，区間

$$\left[\overline{X} - 1.96\frac{\sigma}{\sqrt{n}},\ \overline{X} + 1.96\frac{\sigma}{\sqrt{n}}\right] \tag{7.1}$$

が母平均 μ を含むことが，約 95% の確からしさで期待できること
を示している．(7.1) を母平均 μ に対する信頼度 95% の信頼区間
（正確には近似信頼区間）と習った．また，母平均 μ に対する信頼
度 95% の信頼区間とは，無作為抽出を繰り返し，区間 (7.1) を例
えば 100 個作ると，μ を含む区間が 95 個くらいあることを意味し
ている．

　また，信頼区間の考え方は，母比率（母集団全体の中で特性 A
をもつ要素の割合）の推定にも用いることができる．高校数学で
は，標本の大きさ n が十分に大きいとき，標本比率（標本の中で
特性 A をもつ要素の割合）を $\hat{p}$ とすると，母比率 p に対する信頼
度 95% の（近似）信頼区間は

$$\left[\hat{p} - 1.96\sqrt{\frac{\hat{p}(1-\hat{p})}{n}},\ \hat{p} + 1.96\sqrt{\frac{\hat{p}(1-\hat{p})}{n}}\right]$$

で与えられることを学んだ.

例7.1 画鋲を投げる実験

ある4人が, それぞれ独立に「掌の上に画鋲の針が上を向くように置き, 画鋲を転がすように机の上に投げる」試行を100回繰り返し行った. 画鋲の針が上を向いた回数はそれぞれ, 42, 54, 49, 56 であった. 上で紹介した母比率の (近似) 信頼区間を用いて (詳細については例7.6参照), 母比率 p (画鋲の針が上を向く確率) の95%信頼区間を求めてみよう. 画鋲の針が上を向いた回数が42の標本を例にとると, $n = 100$, $\hat{p}$ の実現値 $\frac{42}{100} = 0.42$ を式に代入して, $[0.32, 0.52]$ を得る. そのほかの場合は, それぞれ $[0.44, 0.64]$, $[0.39, 0.59]$, $[0.46, 0.66]$ である.

次節から, 区間推定の考え方についてより詳細に議論する. 母集団が正規母集団の場合とベルヌーイ母集団の場合のそれぞれについて, 重要なパラメータに対する区間推定を扱う.

7.2 区間推定

点推定は, 推定したいパラメータを文字通り点で推定した. しかし, その推定値にはばらつきがあるため, 推定値だけでなくその誤差も含めて考えたい. そこで, ある範囲にパラメータが存在することを高い確率で保証しようと考える.

定義 7.1

$0 < \alpha < 1$ とし，母集団分布 P からの無作為標本を $X_1, X_2,$ $\ldots, X_n$ とする．統計量 $U = u(X_1, X_2, \ldots, X_n)$ と $L = l(X_1,$ $X_2, \ldots, X_n)$ が

$$P(L \leq \theta \leq U) \geq 1 - \alpha \qquad (7.2)$$

を満たすとき，閉区間 $[L, U]$ を**信頼係数** (confidence coefficient)$(1 - \alpha) \times 100\%$ の θ の**信頼区間** (confidence interval) という．

一般に，α として $0.1, 0.05, 0.01$ などが用いられる．信頼区間は定義 7.1 を満たせばよいので，無数に作ることができる．そこで，一般には区間幅が（平均的に）短くなるように信頼区間を構成することが望ましい．また，観測されたサイズ n のデータ $x_1, x_2, \ldots,$ x_n に基づいて作られる信頼係数 $(1 - \alpha) \times 100\%$ の θ の信頼区間は，U と L をそれぞれ実現値 $u(x_1, x_2, \ldots, x_n)$ と $l(x_1, x_2, \ldots, x_n)$ に置き換えた閉区間

$$[l(x_1, x_2, \ldots, x_n), u(x_1, x_2, \ldots, x_n)]$$

である．

信頼区間の意味を考えてみよう．l と u $(\geq l)$ をある実数とし，Θ を確率変数とする．このとき，

$$P(l \leq \Theta \leq u) \geq 1 - \alpha \qquad (7.3)$$

が成り立つならば，閉区間 $[l, u]$ が Θ を含む確率は $1 - \alpha$ 以上である．例えば，$\alpha = 0.05$ としたとき (7.3) が成り立つならば，区間 $[l, u]$ が Θ を含む確率は 95% 以上であると解釈できる．

定義 7.1 をよく見ると，θ が未知の定数であり，L と U が確率変数であるから，(7.2) と (7.3) はとても似た式に見えるが，かなり

意味合いが異なる. いま, 第 s 番目 $(s = 1, 2, \ldots)$ のサイズ n の無作為標本の実現値を $x_1^{(s)}, x_2^{(s)}, \ldots, x_n^{(s)}$ とする. また, 第 s 番目の無作為標本の実現値から計算される L と U をそれぞれ $l^{(s)}$ と $u^{(s)}$ と表す. 例えば, 第 1 番目の無作為標本の実現値から計算される信頼区間は $[l^{(1)}, u^{(1)}]$ であり, この区間 $[l^{(1)}, u^{(1)}]$ は θ を含むか含まないかのどちらかである. すなわち, 信頼係数 (信頼度ともいう) が $1 - \alpha$ であるとは, 例えばサイズ n の標本を 100 組とり, 各組から計算される 100 個の区間 $[l^{(k)}, u^{(k)}](k = 1, 2, \ldots, 100)$ のうち大体 $100(1 - \alpha)$ 個ぐらいその区間内に θ を含んでいることを意味している. (コラム「シミュレーション実験」も参照されたい.)

7.3 正規母集団の区間推定

正規母集団の母数である平均 μ や分散 σ^2 の区間推定を考える.

観測されたサイズ n のデータ $x_1, x_2 \ldots, x_n$ に基づいて作られる信頼係数 $(1 - \alpha) \times 100\%$ の θ の信頼区間を求める際に必要となる上側 $100\alpha\%$ 点は, 付表を適宜参照されたい.

7.3.1 母平均の区間推定

正規母集団における母平均 μ の区間推定を考える.

例7.2 **母平均の信頼区間：母分散既知**

平均 μ (未知), 分散 σ^2 (既知) の正規母集団からの無作為標本 $X_1, X_2, \ldots, X_n$ に対して, 平均 μ の $(1 - \alpha) \times 100\%$ 信頼区間は,

$$\left[\overline{X} - z\left(\frac{\alpha}{2}\right)\frac{\sigma}{\sqrt{n}},\ \overline{X} + z\left(\frac{\alpha}{2}\right)\frac{\sigma}{\sqrt{n}}\right] \qquad (7.4)$$

で与えられる. ただし, $z(\alpha)$ は標準正規分布の上側 $100\alpha\%$ 点である.

[例 7.2 の導出]

区間推定を考える際には, 点推定を思い出すとよい. μ の点推定では, $\overline{X}$ を用いた. 系 5.1 から $\overline{X}$ は平均 μ, 分散 $\dfrac{\sigma^2}{n}$ の正規分布に従う. このとき, 標準化した $Z = \dfrac{\sqrt{n}(\overline{X} - \mu)}{\sigma}$ は平均 0, 分散 1 の標準正規分布に従うから,

$$P\left(-z\left(\frac{\alpha}{2}\right) \leq Z \leq z\left(\frac{\alpha}{2}\right)\right) = 1 - \alpha$$

である. したがって

$$P\left(\overline{X} - z\left(\frac{\alpha}{2}\right)\frac{\sigma}{\sqrt{n}} \leq \mu \leq \overline{X} + z\left(\frac{\alpha}{2}\right)\frac{\sigma}{\sqrt{n}}\right) = 1 - \alpha$$

より (7.4) を得る. □

例 7.2 の信頼区間は中心が確率変数 $\overline{X}$ であり, 区間幅は $\dfrac{2z(\alpha/2)\sigma}{\sqrt{n}}$ である. つまり, 信頼係数 $1 - \alpha$ を大きくとる (α を小さくとる) と, $z(\alpha/2)$ が大きくなるから区間幅は大きくなる. また, 標本の大きさ n が大きいと区間幅は小さくなることがわかる. つまり, n が大きくなるにつれて, 推定量 $\overline{X}$ のばらつき $\dfrac{\sigma^2}{n}$ が小さくなることから, 信頼区間の幅が小さくなるのである.

問題7.1

問題 5.2 のデータについて考える. オスの甲幅が平均 μ, 分散 7^2 の正規分布に従うと仮定する. このとき, 平均 μ に関する 95% 信頼区間を求めよ.

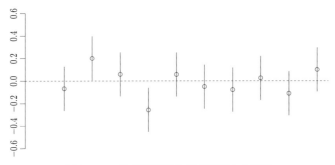

図 **7-1** 95% 信頼区間を 10 回計算した結果

シミュレーション実験 ～～～～～～～～～～～～～ コラム ～～

標準正規分布に従う乱数を 100 個生成し，それに基づいて信頼区間 (7.4) を計算することを 10 回繰り返した結果を図示したのが図 7-1 である．つまり，分散 $\sigma^2 = 1^2$ を既知，$n = 100$ として，μ の 95% 信頼区間を 10 回繰り返し計算し，真値である平均 0 を信頼区間が何回含むかを調べた．なお，図中の○は，平均値を示している．図 7-1 の一番左の信頼区間は 0 を含んでいることが確認できる．また，左から二番目の信頼区間は 0 を含んでいない．このように左から順に 10 個の信頼区間を見ていくと，10 個中 8 個の信頼区間が 0 を含んでいることを確認できる．

次に，平均 μ（未知），分散 σ^2（未知）の正規母集団の場合について考える．このとき，分散 σ^2 が未知であるため，(7.4) を使うことができない．ここでの使うことができないという意味は，未知母数 σ^2 が含まれているため無作為標本の実現値だけから計算することができないということである．そこで，定理 5.2 を用いて以下を示そう．

例7.3 **母平均の信頼区間：母分散未知**

平均 μ（未知），分散 σ^2（未知）の正規母集団からの無作為標本 $X_1, X_2, \ldots, X_n$ に対して，平均 μ の $(1-\alpha) \times 100\%$ 信頼区間

は,

$$\left[\overline{X} - t_{n-1}\left(\frac{\alpha}{2}\right)\frac{U}{\sqrt{n}},\ \overline{X} + t_{n-1}\left(\frac{\alpha}{2}\right)\frac{U}{\sqrt{n}}\right] \tag{7.5}$$

で与えられる.ただし,$t_{n-1}(\alpha)$ は自由度 $n-1$ の t 分布の上側 $100\alpha\%$ 点である.

[例 7.3 の導出]

統計量 $T = \dfrac{\sqrt{n}(\overline{X} - \mu)}{U}$ とおくと,定理 5.2 より T は自由度 $n-1$ の t 分布に従う.したがって,

$$P\left(-t_{n-1}\left(\frac{\alpha}{2}\right) \leq T \leq t_{n-1}\left(\frac{\alpha}{2}\right)\right) = 1 - \alpha$$

であるから,

$$P\left(\overline{X} - t_{n-1}\left(\frac{\alpha}{2}\right)\frac{U}{\sqrt{n}} \leq \mu \leq \overline{X} + t_{n-1}\left(\frac{\alpha}{2}\right)\frac{U}{\sqrt{n}}\right) = 1 - \alpha$$

より (7.5) を得る. □

例 7.3 の信頼区間は中心が確率変数 $\overline{X}$ であり,区間幅は $2t_{n-1}(\alpha/2)U/\sqrt{n}$ である.つまり,区間幅に確率変数 U を含むことから,標本ごとに区間幅が変化することがわかる.また,別表現として

$$\left[\overline{X} - t_{n-1}\left(\frac{\alpha}{2}\right)\frac{S}{\sqrt{n-1}},\ \overline{X} + t_{n-1}\left(\frac{\alpha}{2}\right)\frac{S}{\sqrt{n-1}}\right]$$

としてもよい.

問題 7.2

(1) 問題 5.2 のデータについて考える.オスの甲幅が平均 μ,分散 σ^2 の正規分布に従うと仮定する.このとき,平均 μ に関する 95% 信頼区間を求めよ.

(2)(∗) 例 7.3 で与えられた信頼区間の幅 $2t_{n-1}(\alpha/2)U/\sqrt{n}$ のよ

うに区間幅に確率変数を含む場合，その期待値で評価すること
が多い．$E(2t_{n-1}(\alpha/2)U/\sqrt{n})$ を求めよ．

7.3.2 母分散の区間推定

正規母集団における母分散 σ^2 の区間推定を考える．

| 例 7.4 | 母分散の信頼区間：母平均既知

平均 μ（既知），分散 σ^2（未知）の正規母集団からの無作為標
本 $X_1, X_2, \ldots, X_n$ に対して，分散 σ^2 の $(1 - \alpha) \times 100\%$ 信頼区
間は，

$$\left[\frac{\sum_{i=1}^{n}(X_i - \mu)^2}{\chi_n^2(\alpha/2)}, \frac{\sum_{i=1}^{n}(X_i - \mu)^2}{\chi_n^2(1 - \alpha/2)}\right] \tag{7.6}$$

で与えられる．ただし，$\chi_n^2(\alpha)$ は自由度 n の χ^2 分布の上側
$100\alpha\%$ 点である．

| 問題 7.3

(1) 例 7.4 を導出せよ．
(2) 問題 5.2 のデータについて考える．メスの甲幅が平均 77,
　　分散 σ^2 の正規分布に従うと仮定する．このとき，分散 σ^2 に
　　関する 95% 信頼区間を求めよ．

次に，平均 μ（未知），分散 σ^2（未知）の正規母集団の場合につ
いて考える．このとき，平均 μ が未知であるため，(7.6) を使うこ
とができない．そこで，定理 5.1 を用いて以下を示そう．

| 例 7.5 | 母分散の信頼区間：母平均未知

平均 μ（未知），分散 σ^2（未知）の正規母集団からの無作為標
本 $X_1, X_2, \ldots, X_n$ に対して，分散 σ^2 の $(1 - \alpha) \times 100\%$ 信頼区
間は，

$$\left[\frac{(n-1)U^2}{\chi_{n-1}^2(\alpha/2)}, \frac{(n-1)U^2}{\chi_{n-1}^2(1-\alpha/2)}\right] \tag{7.7}$$

である．ただし，$\chi_{n-1}^2(\alpha)$ は自由度 $n-1$ の χ^2 分布の上側 $100\alpha\%$ 点である．

[例 7.5 の導出]

母平均 μ が未知であるから，(7.6) を用いることができない．そこで，母分散 σ^2 の不偏推定量である U^2 を用いることを考える．定理 5.1 より統計量 $T = (n-1)U^2/\sigma^2$ が自由度 $n-1$ の χ^2 分布に従うことから，

$$P\left(\chi_{n-1}^2\left(1-\frac{\alpha}{2}\right) \leq T \leq \chi_{n-1}^2\left(\frac{\alpha}{2}\right)\right) = 1-\alpha$$

である．したがって，

$$P\left(\frac{(n-1)U^2}{\chi_{n-1}^2(\alpha/2)} \leq \sigma^2 \leq \frac{(n-1)U^2}{\chi_{n-1}^2(1-\alpha/2)}\right) = 1-\alpha$$

より (7.7) を得る．□

また，(7.7) の別表現として

$$\left[\frac{nS^2}{\chi_{n-1}^2(\alpha/2)}, \frac{nS^2}{\chi_{n-1}^2(1-\alpha/2)}\right]$$

を用いてもよい．

例 7.4，例 7.5 については，区間幅の期待値が最小になるような信頼区間にはなっていない．そのような信頼区間を求めることは困難であるから，(7.6) と (7.7) がよく用いられる．

問題 7.4

問題 5.2 のデータについて考える．メスの甲幅が平均 μ，分散 σ^2 の正規分布に従うと仮定する．このとき，分散 σ^2 に関する 95% 信頼区間を求めよ．

7.4 母比率の区間推定

母集団分布がパラメータ p のベルヌーイ分布である場合に母比率 p の信頼区間を考える.

例7.6 **母比率の信頼区間**

パラメータ p のベルヌーイ母集団からの無作為標本 $X_1, X_2,$ $\ldots, X_n$ に対して,母比率 p の $(1 - \alpha) \times 100\%$ 近似信頼区間は,

$$\left[\hat{p} - z\left(\frac{\alpha}{2}\right) \sqrt{\frac{\hat{p}(1 - \hat{p})}{n}}, \ \hat{p} + z\left(\frac{\alpha}{2}\right) \sqrt{\frac{\hat{p}(1 - \hat{p})}{n}} \right] \quad (7.8)$$

である.ただし,$\hat{p} = \overline{X}$ である.

[例7.6の導出]

中心極限定理(定理4.9)を用いると,n が十分に大きいとき $\sqrt{n}(\hat{p} - p)/\sqrt{p(1 - p)}$ の従う分布は,平均 0,分散 1 の正規分布に近似できる.したがって,

$$P\left(-z\left(\frac{\alpha}{2}\right) \leq \frac{\sqrt{n}(\hat{p} - p)}{\sqrt{p(1 - p)}} \leq z\left(\frac{\alpha}{2}\right)\right) = 1 - \alpha \quad (7.9)$$

であるから,

$$P\left(\hat{p} - z\left(\frac{\alpha}{2}\right) \sqrt{\frac{p(1 - p)}{n}} \leq p \leq \hat{p} + z\left(\frac{\alpha}{2}\right) \sqrt{\frac{p(1 - p)}{n}}\right) = 1 - \alpha$$

を得る.しかし,このままでは p が未知であるため信頼限界(信頼区間の両端のこと)を標本の実現値から計算することができない.そのため,$p(1 - p)$ を $\hat{p}(1 - \hat{p})$ に置き換えた $\sqrt{n}(\hat{p} - p)/\sqrt{\hat{p}(1 - \hat{p})}$ の従う分布が必要となるが,その分布は n が十分に大き

いとき平均 0，分散 1 の正規分布で近似できることが知られている．したがって，

$$P\left(\hat{p} - z\left(\frac{\alpha}{2}\right)\sqrt{\frac{\hat{p}(1-\hat{p})}{n}} \leq p \leq \hat{p} + z\left(\frac{\alpha}{2}\right)\sqrt{\frac{\hat{p}(1-\hat{p})}{n}}\right) = 1 - \alpha$$

より (7.8) を得る．　　　　　　　　　　　　　　　　　　　　□

注意 7.1

　ベルヌーイ分布からの無作為標本の実現値 $x_1, x_2, \ldots, x_n$ が得られたとする．このとき，$x_i\ (i = 1, 2, \ldots, n)$ は 0 または 1 のどちらかであるから，平均値 $\overline{x} = (x_1 + x_2 + \cdots + x_n)/n$ は割合と解釈できる．つまり，母集団におけるある特性をもつ割合を推定していることになる．したがって，ベルヌーイ分布からの無作為標本 $X_1, X_2, \ldots, X_n$ の標本平均 $\overline{X}$ は $\hat{p}$ と表記することが多く，**標本比率** (sample proportion) と呼ばれる．

標本比率の極限分布　〜〜〜〜〜〜〜〜〜〜〜〜〜〜〜　コラム 〜〜

　$\sqrt{n}(\hat{p} - p)/\sqrt{\hat{p}(1-\hat{p})}$ の極限分布が正規分布に従うことは，大数の弱法則（定理 4.7）とスラツキーの定理などにより示すことができる．スラツキーの定理を述べるには確率変数列の収束の概念が必要となるため，本書では省略する．詳細な証明に興味のある読者は，関連図書（統計）を参照されたい．また，本節で述べた近似信頼区間とは別に F 分布を用いた正確な信頼区間も導出されている（例えば，[5] を参照）．

問題 7.5

(1) 20 歳から 65 歳までの既婚男性 300 名に自炊するかしないかについてアンケート調査を行なった．その結果，171 名が自炊すると回答した．このとき，既婚男性が自炊する確率 p の

95% 近似信頼区間を求めよ.

(2) (∗) (7.9) より不等式 $\left| \dfrac{\sqrt{n}(\hat{p} - p)}{\sqrt{p(1 - p)}} \right| \leq z\left(\dfrac{\alpha}{2}\right)$ を p について解いて，p の信頼係数 $(1 - \alpha) \times 100\%$ の近似信頼区間を求めよ.

7.5　２つの正規母集団に関する区間推定

正規母集団が２つある場合を考える. 無作為標本 $X_1, X_2, \ldots,$ X_n は平均 μ_1, 分散 σ_1^2 の正規分布に従うとし，無作為標本 $Y_1, Y_2,$ $\ldots, Y_m$ は平均 μ_2, 分散 σ_2^2 の正規分布に従うとする. ただし，2 組の標本 $(X_1, X_2, \ldots, X_n)$ と $(Y_1, Y_2, \ldots, Y_m)$ は互いに独立である，すなわち，$X_1, X_2, \ldots, X_n, Y_1, Y_2, \ldots, Y_m$ が互いに独立であるとする. このとき，平均 μ_1 と平均 μ_2, または分散 σ_1^2 と分散 σ_2^2 についての比較をする問題を（正規）**２標本問題** (two sample problem) という. 例えば，問題 5.2 のデータについて，オスとメスの甲幅の分散が等しいことを仮定すれば，メスの甲幅の平均とオスの甲幅の平均の差の信頼区間について，以下に示す (7.10) が利用できる.

各母集団における標本平均を

$$\overline{X} = \frac{1}{n} \sum_{i=1}^{n} X_i, \quad \overline{Y} = \frac{1}{m} \sum_{j=1}^{m} Y_j$$

とする. また，不偏分散を

$$U_1^2 = \frac{1}{n-1} \sum_{i=1}^{n} (X_i - \overline{X})^2, \quad U_2^2 = \frac{1}{m-1} \sum_{j=1}^{m} (Y_j - \overline{Y})^2$$

とし，同様に標本分散を $S_1^2 = (n-1)U_1^2/n$ と $S_2^2 = (m-1)U_2^2/m$

とする.

例 7.7 ┃ 母平均の差の信頼区間

平均 μ_1（未知），分散 σ^2（未知）の正規母集団からの無作為標本 $X_1, X_2, \ldots, X_n$, および平均 μ_2（未知），分散 σ^2（未知）の正規母集団からの無作為標本 $Y_1, Y_2, \ldots, Y_m$ に対して，母平均の差 $\mu_1 - \mu_2$ の $(1-\alpha) \times 100\%$ 信頼区間は,

$$\left[\hat{d} - t_{n+m-2}\left(\frac{\alpha}{2}\right) U \sqrt{\frac{1}{n} + \frac{1}{m}}, \ \hat{d} + t_{n+m-2}\left(\frac{\alpha}{2}\right) U \sqrt{\frac{1}{n} + \frac{1}{m}} \right]$$

$$(7.10)$$

で与えられる．ただし，$t_{n+m-2}(\alpha)$ は自由度 $n+m-2$ の t 分布の上側 $100\alpha\%$ 点であり，$\hat{d} = \overline{X} - \overline{Y}$,

$$U^2 = \frac{1}{n+m-2}\left(\sum_{i=1}^{n}(X_i - \overline{X})^2 + \sum_{j=1}^{m}(Y_j - \overline{Y})^2 \right)$$

である．U^2 を合併標本分散 (pooled sample variance) という.

[例 7.7 の導出]

分散は未知であるが共通の分散 σ^2 をもつことに注意する．すなわち，$\sigma_1^2 = \sigma_2^2 = \sigma^2$ である．この場合には，標本平均の差 $\hat{d} = \overline{X} - \overline{Y}$ は，平均 $\mu_1 - \mu_2$, 分散 $\left(\dfrac{1}{n} + \dfrac{1}{m}\right)\sigma^2$ の正規分布に従う．また，標本分散 S_1^2 と S_2^2 は互いに独立であって，$\dfrac{nS_1^2}{\sigma^2}$ と $\dfrac{mS_2^2}{\sigma^2}$ は互いに独立でそれぞれ自由度 $n-1$ の χ^2 分布と自由度 $m-1$ の χ^2 分布に従う．χ^2 分布の再生性（系 4.1）より $(n+m-2)U^2/\sigma^2$ は自由度 $n+m-2$ の χ^2 分布に従う．このとき，定理 5.3 より統計量

$$T = \frac{\overline{X} - \overline{Y} - (\mu_1 - \mu_2)}{\sqrt{(1/n + 1/m)U^2}}$$

は自由度 $n+m-2$ の t 分布に従う．したがって，

$$P\left(-t_{n+m-2}\left(\frac{\alpha}{2}\right) \leq T \leq t_{n+m-2}\left(\frac{\alpha}{2}\right)\right) = 1-\alpha$$

であるから，(7.10) を得る． □

問題 7.6

問題 5.2 のデータについて考える．メスの甲幅が平均 μ_1，分散 σ^2 の正規分布に従い，オスの甲幅が平均 μ_2，分散 σ^2 の正規分布に従うと仮定する．このとき，母平均の差 $\mu_1 - \mu_2$ の 95％信頼区間を求めよ．

(7.10) の信頼区間は，2組の標本が互いに独立である仮定のもとで得られる．一方，対 $(X_1, Y_1), (X_2, Y_2), \ldots, (X_n, Y_n)$ として2組の標本 $(X_1, X_2, \ldots, X_n)$ と $(Y_1, Y_2, \ldots, Y_n)$ が得られるとする．このとき，2組の標本は独立ではないことに注意する．このような標本の実現値を**対応のあるデータ** (paired data) という．対応のあるデータの例は，同一学生のある科目における中間試験の点数と期末試験の点数などがある．このとき，平均の差 $\mu_1 - \mu_2$ の信頼区間は (7.11) で与えられる．

問題 7.7

各対 (X_i, Y_i) $(i = 1, 2, \ldots, n)$ は互いに独立であるが，X_i と Y_i は互いに独立ではないとする．また，$X_1, X_2, \ldots, X_n$ は平均 μ_1 （未知），分散 σ_1^2 （未知）の正規分布に従うとし，$Y_1, Y_2, \ldots, Y_n$ は平均 μ_2 （未知），分散 σ_2^2 （未知）の正規分布に従うとする．このとき，各対の差 $D_i = X_i - Y_i$ $(i = 1, 2, \ldots, n)$ が互いに独立で平均 $\mu_1 - \mu_2$，分散 σ_D^2 の正規分布に従うことを用いて，

$$\left[\overline{D} - t_{n-1}\left(\frac{\alpha}{2}\right)\frac{U}{\sqrt{n}},\ \overline{D} + t_{n-1}\left(\frac{\alpha}{2}\right)\frac{U}{\sqrt{n}}\right] \tag{7.11}$$

が平均の差 $\mu_1 - \mu_2$ の $(1 - \alpha) \times 100\%$ 信頼区間であることを示せ. ただし,

$$\overline{D} = \frac{1}{n} \sum_{i=1}^{n} D_i, \quad U^2 = \frac{1}{n-1} \sum_{i=1}^{n} (D_i - \overline{D})^2$$

である.

問題 7.8

ある科目では, 中間試験と期末試験が実施された. 無作為に選ばれた 20 名の学生について, 中間試験と期末試験の点数の差（[中間試験の点数]−[期末試験の点数]）が次のように得られた.

$$6, \ -6, \ -21, \ 5, \ -17, \ -33, \ 5, \ 4, \ 22, \ 32,$$

$$18, \ -21, \ -42, \ -8, \ 55, \ 33, \ 37, \ 42, \ 52, \ -5$$

各試験の点数が正規分布に従うと仮定するとき, 中間試験と期末試験の平均の差に関する 95% 信頼区間を求めよ.

次に, 母分散の比 σ_1^2/σ_2^2 の区間推定について考える.

例 7.8 　母分散の比の信頼区間

平均 μ_1（未知）, 分散 σ_1^2（未知）の正規母集団からの無作為標本 $X_1, X_2, \ldots, X_n$, および平均 μ_2（未知）, 分散 σ_2^2（未知）の正規母集団からの無作為標本 $Y_1, Y_2, \ldots, Y_m$ に対して, 母分散の比 σ_1^2/σ_2^2 の $(1 - \alpha) \times 100\%$ 信頼区間は,

$$\left[\frac{1}{F_{m-1}^{n-1}(\alpha/2)} \frac{\dfrac{n}{n-1}S_1^2}{\dfrac{m}{m-1}S_2^2}, \ \frac{1}{F_{m-1}^{n-1}(1-\alpha/2)} \frac{\dfrac{n}{n-1}S_1^2}{\dfrac{m}{m-1}S_2^2} \right] \quad (7.12)$$

で与えられる. ただし, $F_{m-1}^{n-1}(\alpha)$ は自由度 $(n-1, m-1)$ の F 分布の上側 $100\alpha\%$ 点である.

(7.12) は次のように表すこともできる.

$$\left[\frac{1}{F_{m-1}^{n-1}(\alpha/2)}\frac{U_1^2}{U_2^2}, \; \frac{1}{F_{m-1}^{n-1}(1-\alpha/2)}\frac{U_1^2}{U_2^2}\right].$$

[例 7.8 の導出]

nS_1^2/σ_1^2 が自由度 $n-1$ の χ^2 分布に従い，mS_2^2/σ_2^2 が nS_1^2/σ_1^2 と互いに独立で自由度 $m-1$ の χ^2 分布に従うことに注意すれば，定理 5.4 と同様にして

$$T = \frac{\dfrac{n}{\sigma_1^2(n-1)}S_1^2}{\dfrac{m}{\sigma_2^2(m-1)}S_2^2}$$

は自由度 $(n-1, m-1)$ の F 分布に従うから，

$$P\left(F_{m-1}^{n-1}\left(1-\frac{\alpha}{2}\right) \leq T \leq F_{m-1}^{n-1}\left(\frac{\alpha}{2}\right)\right) = 1-\alpha$$

である．したがって，

$$P\left(F_{m-1}^{n-1}\left(1-\frac{\alpha}{2}\right)\frac{\dfrac{m}{m-1}S_2^2}{\dfrac{n}{n-1}S_1^2} \leq \frac{\sigma_2^2}{\sigma_1^2} \leq F_{m-1}^{n-1}\left(\frac{\alpha}{2}\right)\frac{\dfrac{m}{m-1}S_2^2}{\dfrac{n}{n-1}S_1^2}\right)$$

$$= 1-\alpha$$

より，(7.12) を得る. □

問題7.9

問題 5.2 のデータについて考える．メスの甲幅が平均 μ_1，分散 σ_1^2 の正規分布に従い，オスの甲幅が平均 μ_2，分散 σ_2^2 の正規分布に従うと仮定する．このとき，母分散比 σ_1^2/σ_2^2 の 90% 信頼区間を求めよ．ただし，$F_{14}^{14}(0.05) = 2.4837$ である．

7.6　2 つのベルヌーイ母集団に関する区間推定

　7.5 節では，2 つの正規母集団に関する 2 標本問題を扱った．本節では，2 つのベルヌーイ母集団の 2 標本問題を扱う．

例 7.9　母比率の差の信頼区間

　パラメータ p_1 のベルヌーイ分布からの無作為標本を $X_1, X_2,$ $\dots, X_n$ とし，パラメータ p_2 のベルヌーイ分布からの無作為標本を $Y_1, Y_2, \dots, Y_m$ とする．ただし，2 組の標本 $(X_1, X_2, \dots, X_n)$ と $(Y_1, Y_2, \dots, Y_m)$ は互いに独立であるとする．このとき，母比率の差（平均の差）$p_1 - p_2$ の $(1-\alpha) \times 100\%$ 近似信頼区間は，

$$\left[\hat{p}_1 - \hat{p}_2 - z\left(\frac{\alpha}{2}\right)\hat{\sigma}, \ \hat{p}_1 - \hat{p}_2 + z\left(\frac{\alpha}{2}\right)\hat{\sigma} \right] \tag{7.13}$$

である．ただし，

$$\hat{p}_1 = \overline{X} = \frac{1}{n}\sum_{i=1}^{n} X_i, \quad \hat{p}_2 = \overline{Y} = \frac{1}{m}\sum_{j=1}^{m} Y_j,$$

$$\hat{\sigma}^2 = \frac{\hat{p}_1(1-\hat{p}_1)}{n} + \frac{\hat{p}_2(1-\hat{p}_2)}{m}$$

である．

[例 7.9 の導出]

　例 7.6 と同様に，n が十分に大きいとき $\hat{p}_1$ の従う分布は平均 p_1，分散 $\hat{p}_1(1-\hat{p}_1)/n$ の正規分布に近似できる．また，$\hat{p}_2$ の従う分布は平均 p_2，分散 $\hat{p}_2(1-\hat{p}_2)/m$ の正規分布に近似でき，$\hat{p}_1$ と $\hat{p}_2$ は互いに独立である．したがって，正規分布の再生性（定理 4.2）より，$\hat{p}_1 - \hat{p}_2$ の従う分布は平均 $p_1 - p_2$，分散 $\hat{p}_1(1-\hat{p}_1)/n + \hat{p}_2(1-\hat{p}_2)/m$ の正規分布に近似できる．さらに定理 4.3 より，標準化した

$$\frac{\hat{p}_1 - \hat{p}_2 - (p_1 - p_2)}{\sqrt{\dfrac{\hat{p}_1(1 - \hat{p}_1)}{n} + \dfrac{\hat{p}_2(1 - \hat{p}_2)}{m}}}$$

は近似的に平均 0，分散 1 の正規分布に従うから (7.13) を得る．   □

問題 7.10

A 地域において，無作為に選ばれた 100 名についてインフルエンザに罹患しているか調査した結果，7 名がインフルエンザに罹患していた．一方，B 地域において，無作為に選ばれた 100 名についてインフルエンザに罹患しているか調査した結果，9 名がインフルエンザに罹患していた．このとき，A 地域と B 地域のインフルエンザに罹患している確率の差に関する 95% 近似信頼区間を求めよ．

信頼区間の構成   コラム

標準正規分布や t 分布のように平均 0 を中心として左右対称な分布に基づく信頼区間（例 7.2，例 7.3，例 7.6，例 7.7，例 7.9）については，最も密度の集中した平均 0 を中心に左右対称にとって構成した信頼区間の幅が，（平均的に）最小となることは直感的に理解できる．一方，χ^2 分布や F 分布に基づく信頼区間についても同様に，区間幅が（平均的に）最小となる信頼区間に関心がある．しかし，それを求めることは難しいため，簡便法として両側の確率を等しく $\dfrac{\alpha}{2}$ だけ取り除いて構成した信頼区間（例 7.4，例 7.5，例 7.8）がよく用いられる．付録 C では，例 7.2 について (7.4) で与えられる信頼区間の幅が最小であることを確認する．

信頼区間の構成方法は，7 章で扱った方法のほかにも様々な考え方がある．詳細については，参考図書 [4, 6, 8] を参照してほしい．

第 **8** 章

仮説検定

　日本人成人男性の平均身長について，仮説 H_0「平均身長は 165 cm」と仮説 H_1「平均身長は 170 cm」を考える．母集団から無作為に選ばれたある人の身長が 166.9 cm だったとする．この場合，多くの人は H_1 よりも H_0 が正しいと考えるであろう．この判断は，どのようにして得られているのか？おそらく，多くの人は「もし実現値が 167.5 cm 以上であれば H_1 を支持し，そうでなければ H_0 を支持する」というルールに基づいて判断しているのではないだろうか．当然，このルールは一人一人異なるだろうから，判断は主観的でまったく客観的ではない．本章では，二つの仮説を立て，標本を用いてどちらか一方を選択する問題を定式化する．これにより，無作為標本の実現値を用いた客観的な判断が可能となる．

8.1　導入

　仮説 H_0 が真であると仮定したとき，調査・実験で得られた結果が起こる確率が，先に決めておいた滅多に起こらないと判断できる基準値 α より小さければ，仮定した仮説 H_0 が真であると考えることは否定できると判断し，仮説 H_1 を支持することが妥当であると判断する．これが，大雑把な仮説検定の考え方である．統計的仮説検定の詳細な説明をする前に，2 つの例題を用いて統計的仮説検定の考え方を概観しよう．

　ある中身の見えない箱の中に "赤玉 1 個，白玉 2 個が入った袋 A" か "赤玉 2 個，白玉 1 個が入った袋 B" のどちらか一方が入っている．この箱の中の袋から無作為に 1 個取り出して玉の色を確認し，取り出した玉を元の袋に戻す操作を 5 回続けた．その結果は，白，白，白，赤，白の順であった．箱の中に入っているのは袋 A といえるか？

　ここでは，主張したいことを "箱の中に入っているのは袋 A" とする．この主張（仮説）を H_1 と記そう．これに対して，"箱の中に入っているのは袋 B" という仮説を H_0 と記す．この箱の中の袋から無作為に 1 個取り出して玉の色を確認し，取り出した玉を元の袋に戻す操作を 5 回続けて，X 回白玉が出たとする．仮説 H_0 が真であると仮定すると，X の確率分布は以下の式で与えられる．

$$P(X = k) = {}_5\mathrm{C}_k \left(\frac{1}{3}\right)^k \left(\frac{2}{3}\right)^{5-k}, \quad k = 0, 1, \ldots, 5.$$

　基準値 α を 0.05 としよう．もし，この箱の中の袋から無作為に 1 個取り出して玉の色を確認し，取り出した玉を元の袋に戻す操作を 5 回続けた結果が，白，白，白，白，白の順であったら X の実現値は 5 である．このとき，仮説 H_0 が真であると仮定したときの $X = 5$ が起こる確率は $P(X = 5) \fallingdotseq 0.004 < 0.05$ であり非常に小

さいから，白，白，白，白，白という結果は H_0 のもとでは非常に稀な事象が起こったと考えられる．同様に，仮説 H_0 が真であると仮定したときの $X = 4$ が起こる確率は $P(X = 4) \fallingdotseq 0.041 < 0.05$ であり，$P(X = 5)$ の値より大きいが，基準値よりは小さい．

　実際に調査・実験を行って，仮説 H_0 か仮説 H_1 のどちらか一方を仮説検定によって選択する場合に，X の実現値 x が 5 のときのみ H_0 が真であると考えることは否定できると判断し，H_1 を支持することが妥当であると判断するならば，基準値として 0.05 より小さい値（例えば，0.01）を基準値として用いても判断は変わらない．つまり，$x = 5$ のときのみ H_0 が真であると考えることは否定できるとすることは，滅多に起こらないと判断できる基準を厳しくしていると考えられる．基準値は調査・実験の前に予め決めておくものであるから，この考え方はあまり好ましくない．一方，$x = 4$ のときのみ H_0 が真であると考えることは否定できると判断し，H_1 を支持することが妥当であると判断すると，基準値 0.05 より小さく，$P(X = 5)$ の値より 0.05 に近い値だから良さそうである．しかし，H_0 のもとで $x = 4$ よりも稀な結果である $x = 5$ の場合に，H_0 が真であると考えることは否定できると判断しないことになるので，問題がある．そこで，$P(X \geq 4)$ を計算すると

$$P(X \geq 4) = P(X = 4) + P(X = 5) \fallingdotseq 0.045 < 0.05$$

であるから，X の実現値が 4 または 5 のときに H_0 が真であると考えることは否定できると判断し，H_1 を支持することが妥当であると判断することにする．

　実験結果は白，白，白，赤，白の順であったから，$x = 4$ である．したがって，H_0 が真であると考えることは否定できると判断し，H_1 を支持することが妥当であると判断する．つまり，箱の中に入っているのは袋 A であるといえる．

　もう一つの例題について考えよう．表に桐，裏に竹が描かれた 1

枚の硬貨がある．この硬貨は，表が出やすくなるような細工がされているという噂がある．そこで，実際にこの硬貨を投げる実験を行なったところ，5回繰り返し投げて，すべて表の面が出た．このとき，この硬貨には細工がされているといえるか？

ここでは，主張したいことを "この硬貨には表が出やすくなるような細工がされている" とする．この主張（仮説）を H_1 と記そう．これに対して，"この硬貨には表が出やすくなるような細工がされていない" という仮説を H_0 と記す．この硬貨を5回繰り返し投げたときに，表が出る回数を X とする．仮説 H_0 が真であると仮定すると，

$$P(X = k) = {}_5\mathrm{C}_k \left(\frac{1}{2}\right)^k \left(\frac{1}{2}\right)^{5-k} = {}_5\mathrm{C}_k \left(\frac{1}{2}\right)^5, \quad k = 0, 1, \ldots, 5$$

を得る．

基準値 α を0.05としよう．仮説 H_0 が真であると仮定したとき，$P(X = 5) \fallingdotseq 0.031 < 0.05$ である．また，仮説 H_0 が真であると仮定したとき，$P(X = 4) \fallingdotseq 0.156 > 0.05$ であり，基準値より大きいことから，$X = 4$ は滅多に起こらないと判断することは出来ない．一方で，仮説 H_0 が真であると仮定したとき，$P(X = 0) \fallingdotseq 0.031 < 0.05$ である．"表が出やすくなるような細工" という情報がなければ，表が出やすいか裏が出やすいかわからないから，X の実現値が0または5ならば H_0 が真であると考えることは否定できると判断するのが良いだろう（H_0 が真であると考えることは否定できると判断する値を両側に考える）．しかし，この場合は "表が出やすくなるような細工" という情報があるから，$x = 5$ のときのみ H_0 が真であると考えることは否定できると判断し，H_1 を支持することが妥当であると考えることにする（H_0 が真であると考えることは否定できると判断する値を片側に考える．両側・片側の議論は，後述する検定力が関係している）．

実験結果は，5回繰り返し投げて，すべて表の面が出たとあるか

ら，$x = 5$ である．したがって，H_0 が真であると考えることは否定できると判断し，H_1 を支持することが妥当であると判断する．つまり，この硬貨には細工がされているといえる．

ここでは，具体例を用いて仮説検定の基本的な考え方を説明した．次節では，二つの仮説を立て標本を用いてどちらか一方を選択する問題を定式化する．

8.2 統計的仮説検定

母集団分布 P からの無作為標本 $X_1, X_2, \ldots, X_n$ を考える．ある種の観測を行なったとき，その結果として生じうる場合の全体の集合を $\mathcal{X}$ $(\subset \mathbb{R}^n)$ とし，実際の観測結果 $(x_1, x_2, \ldots, x_n)$ は，$\mathcal{X}$ の値をとる標本（確率変数）ベクトル $(X_1, X_2, \ldots, X_n)$ の 1 つの実現値であるとする．つまり，$\mathcal{X}$ は標本ベクトル $(X_1, X_2, \ldots, X_n)$ の実現値全体を表している．また，$\theta = (\theta_1, \theta_2, \ldots, \theta_s) \in \Theta$ をパラメータベクトル，$\Theta(\subset \mathbb{R}^s)$ を母数空間とする．ここで，パラメータ空間 Θ を Θ_0 と Θ_0^c に分割し（つまり，$\Theta = \Theta_0 \cup \Theta_0^c$ かつ $\Theta_0 \cap \Theta_0^c = \emptyset$），$\theta \in \Theta_0$ という命題を**帰無仮説** (null hypothesis) とよび，Θ_0^c の部分集合 Θ_1 に対して，$\theta \in \Theta_1$ を**対立仮説** (alternative hypothesis) とよぶ．このとき，仮説 $H_0 : \theta \in \Theta_0$ と仮説 $H_1 : \theta \in \Theta_1$ のどちらかを決定する問題を考える．ただし，仮説 H_0 と仮説 H_1 のどちらか一方が必ず正しいとする．Θ_0 が唯一点のときの H_0（例えば，$s = 1$ とし固定された値 θ_0 に対して，$\Theta_0 = \{\theta_0\}$）を**単純仮説** (simple hypothesis)，Θ_0 が 2 点以上あるときの H_0（例えば，$s = 1$ とし固定された値 θ_0 に対して，$\Theta_0 = \{\theta \in \Theta | \theta \leq \theta_0\}$）を**複合仮説** (composite hypothesis) という．Θ_1 についても同様である．

$\mathcal{X}$ の部分集合を W とし，$\mathcal{X}$ を W と W^c に分割する．標本の実現値が W に属する，すなわち $(x_1, x_2, \ldots, x_n) \in W$ ならば仮説 H_0 を棄却する (reject the hypothesis) という．これは，H_1 が正しいと判断することに対応する．一方，標本の実現値が W^c に属する，すなわち $(x_1, x_2, \ldots, x_n) \in W^c$（つまり，$(x_1, x_2, \ldots, x_n) \notin W$），ならば仮説 H_0 を受容する (accept the hypothesis) または採択するという．これは，H_0 が正しいと判断することに対応する．このとき，集合 W を棄却域 (critical region)，集合 W^c を受容域 (acceptance region) または採択域という．

　仮説検定 (hypothesis testing) においては，仮説 H_0 と仮説 H_1 のどちらが正しいかわからないため，次の二つの誤りを考慮する必要がある．

定義 8.1

　「H_0 が正しいにもかかわらず，H_1 が正しいと判断する誤り」を第 1 種の誤り (error of the first kind) という．また，「H_1 が正しいにもかかわらず，H_0 が正しいと判断する誤り」を第 2 種の誤り (error of the second kind) という．

　標本の実現値が棄却域 W に属するか否かで H_0 と H_1 のどちらか一方を選択することから，仮説検定において重要なことはいかに棄却域 W を構成するかにある．棄却域 W が与えられれば，標本を用いることにより，$\theta_0 \in \Theta_0$ に対して，第 1 種の誤り確率

$$P_{\theta_0}((X_1, X_2, \ldots, X_n) \in W)$$

を計算することができる．母数を強調するために $P((X_1, X_2, \ldots, X_n) \in W)$ を $P_\theta((X_1, X_2, \ldots, X_n) \in W)$ と記す場合があることに注意されたい．同様に，$\theta_1 \in \Theta_1$ に対して，第 2 種の誤り確率

$$P_{\theta_1}((X_1, X_2, \ldots, X_n) \notin W)$$

も計算することができる．このとき，第1種の誤り確率と第2種の誤り確率が共に小さくなるような W が一番望ましい．しかし，二つの確率は片方を小さくするともう片方が大きくなる関係にあることが知られており，両方を同時に小さくすることは出来ない．

　例えば，新しく開発した薬（新薬）の効果があるかどうかを統計的仮説検定によって判断するために，H_0「新薬に効果なし」と H_1「新薬に効果あり」という二つの仮説を考える．このとき，第1種の誤りを犯すと「新薬に効果がないにもかかわらず，新薬に効果があると判断する」ことになる．この場合，誤って効果があると判定された新薬が世の中に出回り，多くの人が効果のない薬を飲むことになるから社会に与える影響は大である．一方で，第2種の誤りを犯すと「新薬に効果があるにもかかわらず，新薬に効果がないと判断する」ことになる．この場合，誤って効果がないと判定された新薬は世の中に出回ることがないため，良い薬を開発したはずの製薬会社や新薬の出現を待っている患者さんには大きな損失となるだろう．このように，仮説を設定する場合には，二種類の誤りを考慮し慎重に設定する必要がある．なぜならば，二種類の誤りの確率を同時に小さくすることができないため，二つの仮説を対等に扱うことはできないからである．そこで，次のように第1種の誤りをコントロールして，統計的仮説検定を考えることが一般的である．

　仮説 H_0 でのパラメータの中で第1種の誤り確率が最大のもの，つまり

$$\sup_{\theta_0 \in \Theta_0} P_{\theta_0}((X_1, X_2, \ldots, X_n) \in W)$$

を検定の大きさ (size of a test) という．さらに，検定を行うとき α $(0 \leq \alpha \leq 1)$ なる与えられた定数を前もって決め，検定の大きさが α より小さい検定を考えることがある．この検定を**有意水準**

(significance level) α の検定とよぶ. すなわち,

$$\sup_{\theta_0 \in \Theta_0} P_{\theta_0}((X_1, X_2, \ldots, X_n) \in W) \le \alpha$$

を満たすように W を決める.

定義 8.2

任意の $\theta \in \Theta$ に対して,

$$\beta_W(\theta) = P_\theta((X_1, X_2, \ldots, X_n) \in W)$$

を**検出力関数** (power function) という.

特に, $\theta_1 \in \Theta_1$ に対して,

$$\begin{aligned}
\beta_W(\theta_1) &= P_{\theta_1}((X_1, X_2, \ldots, X_n) \in W) \\
&= 1 - P_{\theta_1}((X_1, X_2, \ldots, X_n) \notin W)
\end{aligned}$$

であり, これを θ_1 に対する**検出力** (power) という. パラメータが θ_1 であるときに, 仮説 H_0 を棄却する確率であるとともに, 1 から第 2 種の誤り確率 (仮説 H_1 が正しいときに仮説 H_0 を受容する確率) を引いたものとも見てとれる. また, $\theta_0 \in \Theta_0$ に対して,

$$\beta_W(\theta_0) = P_{\theta_0}((X_1, X_2, \ldots, X_n) \in W)$$

であり, 第 1 種の誤り確率となる. 伝統的に, 有意水準 α はある程度小さく保ったうえで, 検出力の大きな検定を考える. このことから, 仮説 H_0 を棄却し, 仮説 H_1 を支持するとき, その判断が誤っている確率は α 以下であることが保証されるから積極的に主張することができる. 一方, 仮説 H_0 を受容し, 仮説 H_0 を支持するとき, その判断が誤っている確率はコントロールされていないから積極的に主張することは危険である. このような背景から, 仮説 H_0 に捨てたい仮説を設定し, 仮説 H_1 に主張したい仮説を設定す

ることが一般的である.

　単純仮説の場合に, 第1種の誤り確率と第2種の誤り確率を計算してみよう. 母集団分布をパラメータ $(5, p)$ の二項分布とする. 母集団からの無作為標本 X を用いて, 次の仮説に関する検定を考える. 仮説 H_0 と H_1 をそれぞれ

$$H_0 : p = 0.8 \quad \text{vs.} \quad H_1 : p = 0.2$$

とし, $W = \{0, 1\}$ とする. このとき, 第1種の誤り確率は, H_0 のもとで $p = 0.8$ であることに注意して,

$$P(X \in W) = \sum_{k=0}^{1} {}_5\mathrm{C}_k (0.8)^k (0.2)^{5-k} \fallingdotseq 0.00672$$

であり, 第2種の誤り確率は, H_1 のもとで $p = 0.2$ であることに注意して,

$$P(X \notin W) = 1 - P(X \in W)$$
$$= 1 - \sum_{k=0}^{1} {}_5\mathrm{C}_k (0.2)^k (0.8)^{5-k} \fallingdotseq 0.26272$$

となる. つまり, 検定の大きさは 0.00672 であり, 有意水準 5% の検定である. また, 検出力は $1 - 0.26272 = 0.73728$ である.

　複合仮説の場合に, 第1種の誤り確率と第2種の誤り確率を計算してみよう. 表の出る確率が p (未知) のコインがあるとする. このコインが正しいコインかどうかについて, そのコインを10回繰り返し投げる実験で得られる結果から判断したい. そこで,

$$H_0 : p \in [0.4, 0.6] \quad \text{vs.} \quad H_1 : p \notin [0.4, 0.6] \tag{8.1}$$

とした仮説検定を考える. パラメータ p のベルヌーイ分布に従う無作為標本を $X_1, X_2, \ldots, X_{10}$ とする. ただし, X_i は表ならば1, 裏ならば0であるとする. この場合, いきなり棄却域 W を定める

のは難しい. そこで, 関数 $t(x_1, x_2, \ldots, x_{10}) = \sum_{i=1}^{10} x_i$ とし, 無作為標本 $(X_1, X_2, \ldots, X_{10})$ を用いて

$$T = t(X_1, X_2, \ldots, X_{10}) = \sum_{i=1}^{10} X_i$$

とおく. 統計量 T は二項分布 $(10, p)$ に従うから (例 2.22 参照), $R = \{0, 1, 9, 10\}$ とすると,

$$P(T \in R) = \sum_{k=0}^{1} {}_{10}\mathrm{C}_k p^k (1-p)^{10-k} + \sum_{k=9}^{10} {}_{10}\mathrm{C}_k p^k (1-p)^{10-k} \tag{8.2}$$

である. ここで,

$$W = \{(x_1, x_2, \ldots, x_{10}) | t(x_1, x_2, \ldots, x_{10}) \in R\} \tag{8.3}$$

とすれば, $P((X_1, X_2, \ldots, X_{10}) \in W) = P(T \in R)$ である. このことから, (8.2) は検出力関数であるから, $\beta_W(p)$ とおく. したがって, $0.4 \leq p \leq 0.6$ とすると, $\beta_W(p)$ は第 1 種の誤り確率であり, $p < 0.4$ または $p > 0.6$ とすると, $\beta_W(p)$ は検出力, $1 - \beta_W(p)$ は第 2 種の誤り確率である.

(8.3) の W を棄却域とする. このとき, 第 1 種の誤り確率の最大値は, $0.4 \leq p \leq 0.6$ における $\beta_W(p)$ の最大値であるから

$$\frac{d\beta_W(p)}{dp} = 90p(1-p)(p^7 - (1-p)^7)$$

より, $p = 0.5$ のとき最小値 $\beta_W(0.5) \fallingdotseq 0.021$ をとり, $p = 0.4$ と $p = 0.6$ のとき最大値 $\beta_W(0.4) = \beta_W(0.6) \fallingdotseq 0.048$ をとる. つまり, 検定の大きさは 0.048 であり, 有意水準 0.05 の検定である. また, $p = 0.8 > 0.6$ のときの検出力は $\beta_W(0.8) \fallingdotseq 0.376$ である.

統計的仮説検定の具体的な手順は, 次のように考えればよい.

(i) 仮説 H_0 と H_1 を設定し, 有意水準 α を定める (慣例的に

$\alpha = 0.1, 0.05, 0.01$ を用いることが多い).

(ii) 検定統計量 $T = t(X_1, X_2, \ldots, X_n)$ を定める.

(iii) 棄却域 $W = \{(x_1, x_2, \ldots, x_n)|t(x_1, x_2, \ldots, x_n) \in R\}$ を求める.

(iv) 検定統計量 T の実現値 $t^* = t(x_1, x_2, \ldots, x_n)$ を求めて,$t^* \in R$ ならば H_0 を棄却し,$t^* \notin R$ ならば H_0 を受容する.

上で述べた「正しいコインかどうか,コインを 10 回投げる実験から判断する例」を,上記の手順と照らし合わせてみてみよう.

(i) 仮説を (8.1) とし,有意水準 α を慣例にならい $\alpha = 0.05$ とする.

(ii) 10 回繰り返しコインを投げるときの表の出る回数を検定統計量 T とする.つまり,$T = \sum_{i=1}^{10} X_i$ である.

(iii) 先の議論から $R = \{0, 1, 9, 10\}$ とすると,$W = \{(x_1, x_2, \ldots, x_{10})| \sum_{i=1}^{10} x_i \in R\}$ を用いた検定の大きさは 0.048 である.したがって,有意水準 0.05 の検定であるから,W(すなわち R)を採用する.

(iv) 実際に 10 回繰り返しコイン投げをして,$(0, 1, 1, 1, 1, 1, 1, 1, 1, 1)$ を得たとすると,$t^* = 9 \in R$ であるから,仮説 H_0 を棄却する.つまり,実際に観測された結果は,帰無仮説が正しいときには非常に稀な事柄であると考えられるから,仮説 H_0 よりも仮説 H_1 を支持し,正しいコインとは言えないと判断する.

8.2 節冒頭の定式化の部分を読むと,無作為標本の実現値 $(x_1, x_2, \ldots, x_n)$ が棄却域 W に属するかどうかで判断すべきと思うかもしれない.つまり,無作為標本の実現値が,すべてが裏の 1 通り $(0, \ldots, 0)$,一度だけ表が出る 10 通り

$$(1, 0, \ldots, 0), (0, 1, 0, \ldots, 0), \ldots, (0, \ldots, 0, 1),$$

一度だけ裏が出る 10 通り

$$(0, 1, \ldots, 1),\ (1, 0, 1, \ldots, 1), \ldots, (1, \ldots, 1, 0),$$

すべてが表の 1 通り $(1, \ldots, 1)$ の計 22 通りを要素としてもつ集合 W に属しているから棄却とするべきということである。しかし，上の例では統計量 T の実現値 t^* で判断していることがわかる。すなわち，$(0, 1, 1, 1, 1, 1, 1, 1, 1, 1)$ の順で 9 回表が出たという情報ではなく，表の出た回数のみが仮説検定に関して重要な情報であると見てとれる。したがって，以下では推論の対象となるパラメータに関して，十分な情報を持っている統計量 T と適当な集合 R を用いて棄却域 W を構成し，受容するか棄却するかの判定については統計量 T の実現値と対応する R を用いて行うこととする。

8.2.1　一様最強力検定

無数に作ることができる棄却域 W の中で，最良な棄却域 W^* を見つけたい。つまり，有意水準 α を小さく保ったうえで，検出力の大きな棄却域を見つけることが重要となる。

8 章の最初に述べた日本人成人男性の身長の例を 8.2 節で用意した道具を用いて考えよう。第 1 に（手順 (i) に対応），日本人成人男性の身長が平均 μ，分散 7^2 の正規分布に従うと仮定し[1]，

$$H_0 : \mu = 165 \quad \text{vs.} \quad H_1 : \mu = 170$$

とする。また，有意水準を 0.05 とする。第 2 に（手順 (ii) に対応），母集団からの無作為標本を X とする。棄却域を W とすると，X が正規分布に従うことから，$\mu = 165$ に対して，$P(X \in W)$ を計算することができる。したがって，検定統計量を X としてもよい。一方，X を標準化した $T = \dfrac{X - \mu}{7}$ を用いれば，$T \sim N(0, 1)$ より

---

1)　分散の値は，厚生労働省「平成 23 年 国民健康・栄養調査」を参考にした。

$P(T \in R)$ を付録 D を用いて簡単に求めることができる. よって, 検定統計量として T を採用する. 第 3 に（手順 (iii) に対応）, 有意水準 0.05 の検定となるように R を定めたい. c をある定数として, $R_1 = \{t | t < c\}$, $R_2 = \{t | |t| > c\}$, $R_3 = \{t | t > c\}$ を考える. $\mu = 165$ に対して, $P(T \in R_1) = P(T < c) = 0.05$ を満たす c は付表より $c = -1.64$ である. つまり, $R_1 = \{t | t < -1.64\}$ であり

$$0.05 = P(T \in R_1) = P\left(\frac{X - 165}{7} < -1.64\right) = P(X < 153.52)$$

より, $W_1 = \{x | x < 153.52\}$ を得る. この W_1 を用いた検定の検出力は,

$$P(X < 153.52) = P\left(\frac{X - 170}{7} < -2.35\right) = 1 - 0.991 = 0.009$$

である. 同様にして, $P(T \in R_2) = 0.05$ を満たす c は $c = 1.96$ であり, $P(T \in R_3) = 0.05$ を満たす c は $c = 1.64$ である. R_2, R_3 からそれぞれ棄却域を求めると $W_2 = \{x | x < 151.28, \ 178.72 < x\}$, $W_3 = \{x | x > 176.48\}$ であり, それらを用いた検定の検出力はそれぞれ 0.109, 0.176 である. 図 8-1 は左から棄却域 W_1, W_2, W_3 を用いたときの検出力（図の網掛け部分の面積）を図示したものである. 図 8-1 を用いると, 左側に少しでも棄却領域をとると, 右側の棄却領域が小さくなり, 全体として検出力が低下することを直感的に理解できる. したがって, W_3 を用いた検定は, 他のどんな棄却域を用いた検定よりも検出力が大きくなるから, R_3 を採用する.

最後に（手順 (iv) に対応）, 母集団から無作為に選ばれた一人の人の身長が 166.9 (cm) だった. つまり, 実現値 $t^* = \dfrac{166.9 - 165}{7} \fallingdotseq 0.27 \notin R_3$ より, 仮説 H_0 を受容する. または, 棄却域 W_3 を用いて $x = 166.9 \notin W_3$ より, 仮説 H_0 を受容するとしてもよい. 以上から, この観測結果より H_1 を積極的に支持する根拠は得られなかった.

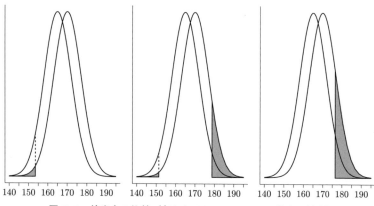

図 8-1　検出力の比較（左から W_1, W_2, W_3 の場合に対応）

　上の例では，様々な考察を経て，最良な検定方式を得ることができた．では，一般に n 個の標本を用いた場合には，どうすれば最良な検定方式を構成できるのであろうか．以下では，良い棄却域とは何かを定義し，良い棄却域を導く方法を紹介する．

定義 8.3

　すべての $\theta_0 \in \Theta_0$ に対して，

$$\beta_W(\theta_0) = P_{\theta_0}((X_1, X_2, \ldots, X_n) \in W) \leq \alpha \qquad (8.4)$$

を満たす W の中で，ある特定の $\theta_1 \in \Theta_1$ に対して，

$$\beta_{W^*}(\theta_1) \geq \beta_W(\theta_1)$$

を満たす W^* を $\theta = \theta_1$ に対する最強力棄却域という．また，最強力棄却域を用いた検定を**最強力検定** (most powerful test) という．

　単純仮説対単純仮説の検定の場合，最強力検定を構成するため

に Neyman-Pearson の基本定理[2]を用いればよいことが知られている.

定理 8.1　**Neyman-Pearson の基本定理**

$\Theta_0 = \{\theta_0\}$ と $\Theta_1 = \{\theta_1\}$ とし，母集団分布 P からの無作為標本を $X_1, X_2, \ldots, X_n$ とする.

$$H_0 : \theta = \theta_0 \quad \text{vs.} \quad H_1 : \theta = \theta_1$$

に対する最強力棄却域 W^* は

$$W^* = \left\{ (x_1, x_2, \ldots, x_n) \,\middle|\, \frac{\prod_{i=1}^{n} f(x_i; \theta_1)}{\prod_{i=1}^{n} f(x_i; \theta_0)} > k \right\}$$

によって与えられる. ここに，有意水準を α とするとき，$\theta = \theta_0$ に対して，

$$P_{\theta_0}((X_1, X_2, \ldots, X_n) \in W^*) = \alpha$$

を満たすように k を定める.

この定理を用いた例は，8.3 節を参照されたい.

定義 8.4

すべての $\theta_0 \in \Theta_0$ に対して (8.4) を満たす W の中で，すべての $\theta_1 \in \Theta_1$ に対して，

$$\beta_{W^*}(\theta_1) \geq \beta_W(\theta_1) \tag{8.5}$$

を満たす W^* を**一様最強力棄却域**という. また，一様最強力棄却域を用いた検定を**一様最強力検定** (uniformly most pow-

---

2)　ここでは，母集団分布 P が連続型の場合について紹介する. より一般的な場合については，[4, 8, 11] を参照されたい.

erful test) という.

一様最強力検定は, (8.4) より第 1 種の誤り確率を与えられた値 α 以下におさえたうえで, 検出力を大きくする (第 2 種の誤り確率を小さくする) 棄却域を用いた検定である. 実際に, (8.5) は, (8.4) を満たす任意の W の中で, すべての $\theta_1 \in \Theta_1$ に対して,

$$P_{\theta_1}((X_1, X_2, \ldots, X_n) \notin W^*) \le P_{\theta_1}((X_1, X_2, \ldots, X_n) \notin W)$$

とも表せることから, W^* のときの $\theta = \theta_1$ に対する第 2 種の誤り確率は, 任意の W に対する $\theta = \theta_1$ に対する第 2 種の誤り確率以下となることがわかる.

8.2.2 尤度比検定

一般に検定統計量をどのように構成したら良いだろうか. 6.3 節で述べた点推定における最尤法に対応するものとして, 尤度関数に基づいた**尤度比検定** (likelihood ratio test) を紹介する.

定義 8.5

尤度関数を $L(\theta; x_1, x_2, \ldots, x_n)$ とする. **尤度比** (likelihood ratio) を

$$\lambda(x_1, x_2, \ldots, x_n) = \frac{\sup_{\theta \in \Theta_0} L(\theta; x_1, x_2, \ldots, x_n)}{\sup_{\theta \in \Theta} L(\theta; x_1, x_2, \ldots, x_n)}$$

と定義する. この尤度比を用いて構成される棄却域

$$W^* = \{(x_1, x_2, \ldots, x_n) | \lambda(x_1, x_2, \ldots, x_n) < c\}$$

を用いた検定を**尤度比検定**という. ここで, 有意水準を α とするとき,

$$\sup_{\theta \in \Theta_0} P((X_1, X_2, \ldots, X_n) \in W^*) = \alpha$$

を満たすように c を定める.

$0 \leq \lambda(x_1, x_2, \ldots, x_n) \leq 1$ である. もし H_1 が真ならば,尤度比の分母は尤度比の分子に比べて大きくなるから尤度比は小さくなる. 一方,もし H_0 が真ならば,尤度比の分子と分母は近い値になるから尤度比は 1 に近くなる. 尤度比の分子と分母を逆にとれば,

$$\frac{1}{\lambda(x_1, x_2, \ldots, x_n)} = \frac{\sup_{\theta \in \Theta} L(\theta; x_1, x_2, \ldots, x_n)}{\sup_{\theta \in \Theta_0} L(\theta; x_1, x_2, \ldots, x_n)}$$

かつ

$$W^* = \left\{ (x_1, x_2, \ldots, x_n) \,\middle|\, \frac{1}{\lambda(x_1, x_2, \ldots, x_n)} > k \right\}$$

となり Neyman-Pearson の基本定理との対応が見て取れる. 尤度比検定の例は,8.3 節を参照されたい.

8.3 正規母集団の仮説検定

正規母集団の母平均や母分散に関する仮説検定を考えよう.

例 8.1

平均 μ (未知),分散 σ^2 (既知) の正規母集団からの無作為標本を $X_1, X_2, \ldots, X_n$ とする.

$$H_0 : \mu = \mu_0 \quad \text{vs.} \quad H_1 : \mu = \mu_1 \ (> \mu_0)$$

に対する有意水準 α の最強力棄却域は

$$W^* = \left\{ (x_1, x_2, \ldots, x_n) \,\Big|\, \overline{x} > \mu_0 + z(\alpha)\frac{\sigma}{\sqrt{n}} \right\} \qquad (8.6)$$

である．したがって，次の検定方式が考えられる．

$$\overline{X} \in \left(\mu_0 + z(\alpha)\frac{\sigma}{\sqrt{n}}, \infty \right) \text{ のとき，} H_0 \text{ を棄却する．}$$

[例 8.1 の導出 (*)]

例 8.1 で与えられる最強力検定を Neyman-Pearson の基本定理を用いて導く．無作為標本 $X_1, X_2, \ldots, X_n$ は，互いに独立で平均 μ（未知），分散 σ^2（既知）の正規分布に従うから，

$$\prod_{i=1}^n f(x_i; \mu) = \frac{1}{(2\pi\sigma^2)^{n/2}} \exp\left(-\frac{1}{2\sigma^2}\left(n(\overline{x} - \mu)^2 + \sum_{i=1}^n (x_i - \overline{x})^2 \right) \right)$$

より

$$\frac{\prod_{i=1}^n f(x_i; \mu_1)}{\prod_{i=1}^n f(x_i; \mu_0)} = \exp\left(-\frac{1}{2\sigma^2}\left(n(\overline{x} - \mu_1)^2 - n(\overline{x} - \mu_0)^2 \right) \right).$$

したがって，Neyman-Pearson の基本定理より最強力棄却域は，

$$W^* = \left\{ (x_1, x_2, \ldots, x_n) \,\Big|\, \exp\left(-\frac{1}{2\sigma^2}\left(n(\overline{x} - \mu_1)^2 - n(\overline{x} - \mu_0)^2 \right) \right) > k \right\}$$
$$= \left\{ (x_1, x_2, \ldots, x_n) \,\big|\, \overline{x} > k' \right\}$$

ただし，

$$k' = \frac{(2\sigma^2/n)\log k - \mu_0^2 + \mu_1^2}{2(\mu_1 - \mu_0)}$$

である．仮説 H_0 が真のとき，定理 4.3 より $Z = (\overline{X} - \mu_0)/\sqrt{\sigma^2/n} \sim N(0, 1)$ なので

$$\alpha = P((X_1, X_2, \ldots, X_n) \in W^*)$$
$$= P(\overline{X} > k^{'})$$
$$= P\left(\frac{\overline{X} - \mu_0}{\sqrt{\sigma^2/n}} > \frac{k^{'} - \mu_0}{\sqrt{\sigma^2/n}} \right)$$
$$= P(Z > z(\alpha))$$

である．したがって，$z(\alpha) = (k^{'} - \mu_0)/\sqrt{\sigma^2/n}$ を満たすとき，W^* を用いた検定の第 1 種の誤り確率が α となるから，

$$k^{'} = \mu_0 + z(\alpha) \frac{\sigma}{\sqrt{n}}$$

となるように k を定めればよい．よって，(8.6) を得る．　　　□

さらに例 8.1 の検定方式は，次のようにも表せる．

$$Z = \frac{\sqrt{n}(\overline{X} - \mu_0)}{\sigma} \in (z(\alpha), \infty) \text{ のとき，} H_0 \text{ を棄却する．} \quad (8.7)$$

例題 8.1

　日本人の成人男性の平均身長が $165\,\mathrm{cm}$ か $170\,\mathrm{cm}$ かを統計的仮説検定を用いて判断したい．無作為抽出法を用いて 400 人の身長を調べたところ，平均値が 167.0 であった．このとき，平均身長が $170\,\mathrm{cm}$ であるといえるか？　有意水準 0.05 で検定せよ．ただし，身長の分布が平均 μ，分散 7^2 の正規分布に従うことを仮定する．

[解]

(i)　仮説 H_0 と仮説 H_1 を以下のように設定する．

$$H_0 : \mu = 165 \quad \text{vs.} \quad H_1 : \mu = 170$$

また，有意水準 α を 0.05 とする．

(ii) 検定統計量を

$$T = \overline{X} = \frac{1}{400} \sum_{i=1}^{400} X_i$$

とする.

(iii) 例 8.1 から棄却域を求める. $\mu_0 = 165$, $z(0.05) = 1.64$, $n = 400$, $\sigma^2 = 7^2$ だから,

$$W^* = \{(x_1, x_2, \ldots, x_{400}) \,|\, \overline{x} > 165.574\}.$$

よって, $R = (165.574, \infty)$ である.

(iv) 実際に 400 名を調査したところ, T の実現値は $t^* = \overline{x} = 167.0 \in R$ であるから仮説 H_0 を棄却する. したがって, 日本人の成人男性の平均身長は 170 cm であると判断する.

問題 8.1

日本人の成人男性の平均身長が 165 cm か 170 cm かを統計的仮説検定を用いて判断したいとする. 検定方式 (8.7) を用いた場合の (i) から (iv) の手順を記述せよ.

例 8.1 は H_0 と H_1 が共に単純仮説であった. 次に, 仮説 H_0 が単純仮説で仮説 H_1 が複合仮説の場合を考える.

例 8.2 **正規母集団の母平均の右片側検定:母分散既知**

平均 μ (未知), 分散 σ^2 (既知) の正規母集団からの無作為標本を $X_1, X_2, \ldots, X_n$ とする.

$$H_0 : \mu = \mu_0 \quad \text{vs.} \quad H_1 : \mu > \mu_0$$

に対する有意水準 α の一様最強力棄却域は

$$W^* = \left\{ (x_1, x_2, \ldots, x_n) \,\middle|\, \overline{x} > \mu_0 + z(\alpha) \frac{\sigma}{\sqrt{n}} \right\}$$

である．したがって，次の検定方式が考えられる．

$$\overline{X} \in \left(\mu_0 + z(\alpha) \frac{\sigma}{\sqrt{n}}, \infty \right) \text{のとき，} H_0 \text{を棄却する．}$$

［例 8.2 の導出 ($*$)］

$\mu_1 \,(> \mu_0)$ を任意にとり固定すると，例 8.1 より

$$W^* = \left\{ (x_1, x_2, \ldots, x_n) \,\middle|\, \overline{x} > \mu_0 + z(\alpha) \frac{\sigma}{\sqrt{n}} \right\}$$

を得る．このとき，$\mu_0 + z(\alpha)\sigma/\sqrt{n}$ は固定した μ_1 に依存しないことから，(8.5) を満たすことが確認できる．したがって，W^* は一様最強力棄却域である．　　　　　　　　　　　　　　　　　　□

例 8.3　正規母集団の母平均の左片側検定：母分散既知

平均 μ（未知），分散 σ^2（既知）の正規母集団からの無作為標本を $X_1, X_2, \ldots, X_n$ とする．

$$H_0 : \mu = \mu_0 \quad \text{vs.} \quad H_1 : \mu < \mu_0$$

に対する有意水準 α の一様最強力棄却域は

$$W^* = \left\{ (x_1, x_2, \ldots, x_n) \,\middle|\, \overline{x} < \mu_0 - z(\alpha) \frac{\sigma}{\sqrt{n}} \right\}$$

である．したがって，次の検定方式が考えられる．

$$\overline{X} \in \left(-\infty, \mu_0 - z(\alpha) \frac{\sigma}{\sqrt{n}} \right) \text{のとき，} H_0 \text{を棄却する．}$$

例 8.2 や例 8.3 の仮説 H_1 のように，仮説 H_1 が不等式で与えられる場合には，片側に棄却域をもつので**片側検定** (one-sided test) という．例 8.2 は，右片側に棄却域をもつから右片側検定である．

一方，例 8.3 は，左片側に棄却域をもつから左片側検定である.

例題 8.2

　ある大手予備校が実施した模試において，数学の答案 100 枚を無作為抽出したところ，平均点は 51.2 であった. 数学の平均点は 50 点より高いといえるか?　有意水準 0.05 で右片側検定せよ. ただし，予備調査の結果から，数学の点数の分布は平均 μ，標準偏差 10 の正規分布に従うとする.

[解]

「有意水準 0.05 で右片側検定」とあるから，

$$H_0 : \mu = 50 \quad \text{vs.} \quad H_1 : \mu > 50$$

および $\alpha = 0.05$ である. $\mu_0 = 50$, $n = 100$, $\sigma = 10$, $z(0.05) = 1.64$ であるから，例 8.2 より，$R = (51.64, \infty)$ である. 無作為抽出された 100 枚の答案に対する平均点が 51.2 であるから，統計量 T の実現値は $t^* = \overline{x} = 51.2$ である. このとき，R に T の実現値が属さないから，帰無仮説を受容する. 以上から，無作為抽出された 100 枚の答案に対する平均点が 51.2 という情報から，数学の平均点が 50 点より高いと結論付けることはできない.

問題 8.2

　問題 5.2 のデータについて考える. メスの甲幅が平均 μ，分散 5^2 の正規分布に従うと仮定する. このとき，

$$H_0 : \mu = 77 \quad \text{vs.} \quad H_1 : \mu > 77$$

について，有意水準 0.05 で検定せよ.

例 8.4 **正規母集団の母平均の両側検定：母分散既知**

平均 μ（未知），分散 σ^2（既知）の正規母集団からの無作為標本を $X_1, X_2, \ldots, X_n$ とする.

$$H_0 : \mu = \mu_0 \quad \text{vs.} \quad H_1 : \mu \neq \mu_0$$

に対する有意水準 α の尤度比検定の棄却域は

$$W^* = \left\{ (x_1, x_2, \ldots, x_n) \,\Big|\, |z| > z\left(\frac{\alpha}{2}\right) \right\}$$

である. ただし,

$$z = \frac{\sqrt{n}(\overline{x} - \mu_0)}{\sigma}$$

である. したがって, 次の検定方式が考えられる.

$$Z = \frac{\sqrt{n}(\overline{X} - \mu_0)}{\sigma} \in \left(-\infty, -z\left(\frac{\alpha}{2}\right) \right) \cup \left(z\left(\frac{\alpha}{2}\right), \infty \right) \text{ のとき,}$$

H_0 を棄却する.

［例 8.4 の導出 $(*)$］

仮定より尤度関数は

$$L(\mu; x_1, x_2, \ldots, x_n)$$

$$= \prod_{i=1}^{n} \frac{1}{\sqrt{2\pi\sigma^2}} \exp\left(-\frac{1}{2\sigma^2}(x_i - \mu)^2 \right)$$

$$= \left(\frac{1}{\sqrt{2\pi\sigma^2}} \right)^n \exp\left(-\frac{1}{2\sigma^2} \left(\sum_{i=1}^{n}(x_i - \overline{x})^2 + n(\overline{x} - \mu)^2 \right) \right)$$

である. 仮説 H_0（すなわち, $\Theta_0 = \{\mu_0\}$）のもとで,

$$\sup_{\mu \in \Theta_0} L(\mu; x_1, x_2, \ldots, x_n)$$

$$= \left(\frac{1}{\sqrt{2\pi\sigma^2}} \right)^n \exp\left(-\frac{1}{2\sigma^2} \left(\sum_{i=1}^{n}(x_i - \overline{x})^2 + n(\overline{x} - \mu_0)^2 \right) \right)$$

である. 一方, $\Theta = \mathbb{R}$ であり, 例 6.2 より

$$\sup_{\mu \in \Theta} L(\mu; x_1, x_2, \ldots, x_n) = \left(\frac{1}{\sqrt{2\pi\sigma^2}} \right)^n \exp \left(-\frac{1}{2\sigma^2} \sum_{i=1}^{n} (x_i - \overline{x})^2 \right)$$

である. したがって, 尤度比は

$$\lambda(x_1, x_2, \ldots, x_n) = \exp \left(-\frac{n(\overline{x} - \mu_0)^2}{2\sigma^2} \right)$$

であるから,

$$\begin{aligned} W^* &= \left\{ (x_1, x_2, \ldots, x_n) \,\middle|\, \exp \left(-\frac{n(\overline{x} - \mu_0)^2}{2\sigma^2} \right) < c \right\} \\ &= \left\{ (x_1, x_2, \ldots, x_n) \,\middle|\, \frac{n(\overline{x} - \mu_0)^2}{\sigma^2} > c' \right\} \end{aligned}$$

ただし, $c' = -2\log c \, (\geq 0)$ である.

　仮説 H_0 が真のとき, $\dfrac{\sqrt{n}(\overline{X} - \mu_0)}{\sigma}$ が標準正規分布に従うから,

$$\begin{aligned} \alpha &= P((X_1, X_2, \ldots, X_n) \in W^*) \\ &= P \left(\frac{\sqrt{n}(\overline{X} - \mu_0)}{\sigma} < -\sqrt{c'} \; \text{または} \; \sqrt{c'} < \frac{\sqrt{n}(\overline{X} - \mu_0)}{\sigma} \right) \\ &= P \left(\left| \frac{\sqrt{n}(\overline{X} - \mu_0)}{\sigma} \right| > \sqrt{c'} \right) \end{aligned}$$

より, $\sqrt{c'} = z(\alpha/2)$ とするとき, W^* を用いた検定の第 1 種の誤り確率が α となる. したがって,

$$W^* = \left\{ (x_1, x_2, \ldots, x_n) \,\middle|\, |z| > z \left(\frac{\alpha}{2} \right) \right\}$$

を得る. ただし, $z = \dfrac{\sqrt{n}(\overline{x} - \mu_0)}{\sigma}$ である. □

　例 8.4 の対立仮説のように, 対立仮説が $\theta \neq \theta_0$, すなわち, $\theta > \theta_0$ または $\theta < \theta_0$ のような不等式で与えられる場合には両側に棄却域をもつので**両側検定** (two-sided test) という.

問題 8.3

日本人の成人男性の平均身長について，無作為抽出法を用いて400人を調査した結果，標本平均 $\overline{X}$ の実現値は 170.0 であった.

$$H_0 : \mu = 165 \quad \text{vs.} \quad H_1 : \mu \neq 165$$

を有意水準 0.05 で検定せよ. ただし，日本人の成人男性の身長は平均 μ，分散 7^2 の正規分布に従うことを仮定する.

例 8.5　正規母集団の母平均の両側検定：母分散未知

平均 μ（未知），分散 σ^2（未知）の正規母集団からの無作為標本を $X_1, X_2, \ldots, X_n$ とする.

$$H_0 : \mu = \mu_0 \quad \text{vs.} \quad H_1 : \mu \neq \mu_0$$

に対する有意水準 α の尤度比検定の棄却域は

$$W^* = \left\{ (x_1, x_2, \ldots, x_n) \,\middle|\, |t| > t_{n-1}\left(\frac{\alpha}{2}\right) \right\}$$

である. ただし，$t = \sqrt{n}(\overline{x} - \mu_0)/u,\, u^2 = \sum_{i=1}^{n}(x_i - \overline{x})^2/(n-1)$ である. したがって，次の検定方式が考えられる.

$$T = \frac{\sqrt{n}(\overline{X} - \mu_0)}{U} \in R \text{ のとき，} H_0 \text{ を棄却する.}$$

ただし，$U^2 = \sum_{i=1}^{n}(X_i - \overline{X})^2/(n-1)$ であり，$R = (-\infty, -t_{n-1}(\alpha/2)) \cup (t_{n-1}(\alpha/2), \infty)$ である.

また，例 8.5 と同様にして片側検定問題

$$H_0 : \mu \leq \mu_0 \quad \text{vs.} \quad H_1 : \mu > \mu_0$$

に対する有意水準 α の尤度比検定の棄却域は

$$W^* = \{(x_1, x_2, \ldots, x_n) | t > t_{n-1}(\alpha)\}$$

である．ただし，$t = \sqrt{n}(\overline{x} - \mu_0)/u, u^2 = \sum_{i=1}^{n}(x_i - \overline{x})^2/(n-1)$ である．導出については，[11] を参照されたい．

例題 8.3

ある正規母集団から無作為抽出したサイズ 10 のデータが

$$57.2, \ 67.3, \ 64.7, \ 54.9, \ 59.3, \ 65.6, \ 61.7, \ 68.6, \ 43.1, \ 67.5$$

であったとする．このとき，母平均 μ に関する仮説 $\mu = 55$ を有意水準 0.05 で両側検定せよ．

[解]

「有意水準 0.05 で両側検定」とあるから，

$$H_0 : \mu = 55 \quad \text{vs.} \quad H_1 : \mu \neq 55$$

および $\alpha = 0.05$ である．付表から $t_{n-1}(\alpha/2) = t_9(0.025) = 2.262$ であるから，$R = (-\infty, -2.262) \cup (2.262, \infty)$ である．また，$\mu_0 = 55$，平均値 $\overline{x} = 60.99$，不偏分散の実現値 $u^2 = 61.11$，$n = 10$ であるから，統計量 T の実現値は $t^* = 2.42$ である．このとき，R に T の実現値が属するから，帰無仮説を棄却する．以上から，得られたデータから，母平均は 55 ではないと結論付ける．

問題 8.4

問題 5.2 のデータについて考える．メスの甲幅が平均 μ，分散 σ^2 の正規分布に従うと仮定する．このとき，

$$H_0 : \mu = 77 \quad \text{vs.} \quad H_1 : \mu \neq 77$$

について，有意水準 0.05 で検定せよ．

次に，正規母集団の母分散の検定を考えよう．

例 8.6 ┃ **正規母集団の母分散の両側検定：母平均未知**

平均 μ（未知），分散 σ^2（未知）の正規母集団からの無作為標本を $X_1, X_2, \ldots, X_n$ とする.

$$H_0 : \sigma^2 = \sigma_0^2 \quad \text{vs.} \quad H_1 : \sigma^2 \neq \sigma_0^2$$

に対する有意水準 α の尤度比検定の棄却域は

$$W^* = \left\{ (x_1, x_2, \ldots, x_n) \,\middle|\, \frac{1}{\sigma_0^2} \sum_{i=1}^{n} (x_i - \overline{x})^2 < \chi_{n-1}^2 \left(1 - \frac{\alpha}{2} \right) \right.$$
$$\left. \text{または} \ \chi_{n-1}^2 \left(\frac{\alpha}{2} \right) < \frac{1}{\sigma_0^2} \sum_{i=1}^{n} (x_i - \overline{x})^2 \right\}$$

である. したがって，次の検定方式が考えられる.

$$T = \frac{1}{\sigma_0^2} \sum_{i=1}^{n} (X_i - \overline{X})^2 \in \left(0, \chi_{n-1}^2 \left(1 - \frac{\alpha}{2} \right) \right) \cup \left(\chi_{n-1}^2 \left(\frac{\alpha}{2} \right), \infty \right) \text{のとき，}$$

H_0 を棄却する.

例題 8.4 ┃

ある正規母集団から無作為抽出したサイズ 10 のデータが

$$57.2, \ 67.3, \ 64.7, \ 54.9, \ 59.3, \ 65.6, \ 61.7, \ 68.6, \ 43.1, \ 67.5$$

であったとする. このとき，母分散 σ^2 に関する仮説 $\sigma^2 = 10^2$ を有意水準 0.05 で両側検定せよ.

[解]

「有意水準 0.05 で両側検定」とあるから，$\alpha = 0.05$ であり，

$$H_0 : \sigma^2 = 10^2 \quad \text{vs.} \quad H_1 : \sigma^2 \neq 10^2$$

である. 付表から $\chi_{n-1}^2(\alpha/2) = \chi_9^2(0.025) = 19.02$，$\chi_{n-1}^2(1 - \alpha/2)$

$= \chi_9^2(0.975) = 2.70$ であるから，$R = (0, 2.70) \cup (19.02, \infty)$ である．また，$\sigma_0^2 = 10^2$，不偏分散の実現値 $u^2 = 61.11$，$n = 10$ であるから，統計量 T の実現値は $t^* = 5.50$ である．このとき，R に T の実現値が属さないから，帰無仮説を受容する．以上から，得られたデータからは，母分散が 10^2 ではないと結論を下すことはできない．

問題 8.5

　問題 5.2 のデータについて考える．メスの甲幅が平均 μ，分散 σ^2 の正規分布に従うと仮定する．このとき，

$$H_0 : \sigma^2 = 5^2 \quad \text{vs.} \quad H_1 : \sigma^2 \neq 5^2$$

について，有意水準 0.05 で検定せよ．

本節で紹介していない正規母集団に関する仮説検定については，付録 B を参照されたい．

8.4　母比率の仮説検定

　表に桐，裏に竹が描かれた 1 枚の硬貨がある．この硬貨は，表が出やすくなるような細工がされているという噂がある．そこで，実際にこの硬貨を投げる実験を行なったところ，100 回投げて，表が 90 回出た．このとき，この硬貨には細工がされているといえるか？　この問題を 8.1 節と同様に考えてみる．

　この硬貨の表の出る確率を p とする．ここでは，主張したいことを "この硬貨には表が出やすくなるような細工がされている" にする．したがって，次のように仮説を設定する．

$$H_0 : p = \frac{1}{2} \quad \text{vs.} \quad H_1 : p > \frac{1}{2}$$

また，この硬貨を 100 回投げたときに，表が出る回数を X とする．仮説 H_0 が真であると仮定すると，表が出る確率と裏が出る確率は等しく $\frac{1}{2}$ であるから，$k = 0, 1, \ldots, 100$ に対して

$$P(X = k) = {}_{100}\mathrm{C}_k \left(\frac{1}{2}\right)^k \left(\frac{1}{2}\right)^{100-k} = {}_{100}\mathrm{C}_k \left(\frac{1}{2}\right)^{100}$$

である．ここでは，有意水準 α を 0.05 としよう．仮説 H_0 が真であると仮定したとき，$P(X = 100) \fallingdotseq 7.9 \times 10^{-31} < 0.05, P(X = 99) \fallingdotseq 7.9 \times 10^{-29} < 0.05$ であり，基準値より小さい．一方で，一番確率が大きくなるのは，$P(X = 50) \fallingdotseq 0.0796 > 0.05$ である．8.1 節を参考にすれば，

$$P(X \geq x) = \sum_{k=x}^{100} {}_{100}\mathrm{C}_k \left(\frac{1}{2}\right)^{100} < 0.05$$

を満たす x で最小なものを選びたい．ここまでの考察で，x として 100 と 99 が候補であることは確認できる．パソコンを用いて計算すると，

$$P(X \geq 59) = \sum_{k=59}^{100} {}_{100}\mathrm{C}_k \left(\frac{1}{2}\right)^{100} \fallingdotseq 0.044 < 0.05$$

$$P(X \geq 58) = \sum_{k=58}^{100} {}_{100}\mathrm{C}_k \left(\frac{1}{2}\right)^{100} \fallingdotseq 0.067 > 0.05$$

であることが確認できるから，X の実現値 x が 59 以上のときに H_0 が真であると考えることは否定できると判断し，H_1 を支持することが妥当であると判断する．実験結果は，100 回投げて，表が 90 回出たとあるから，H_0 が真であると考えることは否定できると判断し，H_1 を支持する．つまり，この硬貨には細工がされているといえる．

　パソコンを活用すれば確かに計算できるけれども，その大変さを感じられたのではないだろうか．これが100回の硬貨投げではなく，1000回，5000回の硬貨投げとなると計算はより大変になる．この場合は，二項分布の正規分布への近似を用いればよい．

例 8.7　母比率の検定

　パラメータ p のベルヌーイ母集団からの無作為標本を $X_1, X_2, \ldots, X_n$ とする．

$$H_0 : p = p_0 \quad \text{vs.} \quad H_1 : p > p_0$$

に対する有意水準 α の近似的な右片側検定の棄却域は

$$W = \left\{ (x_1, x_2, \ldots, x_n) \left| \frac{\bar{p} - p_0}{\sqrt{p_0(1 - p_0)/n}} > z(\alpha) \right. \right\}$$

である．ただし，$\bar{p} = \frac{1}{n} \sum_{i=1}^{n} x_i$ である．したがって，次の検定方式が考えられる．

$$T \in (z(\alpha), \infty) \text{ のとき，} H_0 \text{ を棄却する．}$$

ただし，

$$T = \frac{\hat{p} - p_0}{\sqrt{p_0(1 - p_0)/n}}, \quad \hat{p} = \frac{1}{n} \sum_{i=1}^{n} X_i$$

である．

［例 8.7 の導出 (*)］

　中心極限定理（定理4.9）を用いると，n が十分に大きいとき $\sqrt{n}(\hat{p} - p)/\sqrt{p(1 - p)}$ の従う分布は，平均0，分散1の正規分布に近似できる．この事実を用いて，例8.2と同様に考えればよい．また，左片側検定と両側検定についても例8.3，例8.4と同様に考えることができる．　　　　　　　　　　　　　　　□

8.4 節の冒頭で扱った硬貨投げの問題を例 8.7 を用いて再考する。この硬貨の表の出る確率を p とし，先と同様に

$$H_0 : p = \frac{1}{2} \quad \text{vs.} \quad H_1 : p > \frac{1}{2}$$

とする。$z(\alpha) = z(0.05) = 1.64$ であるから，例 8.7 より $R = (1.64, \infty)$ である。統計量 T の実現値 t^* は 8 であるため，R に T の実現値が属することから，帰無仮説を棄却する。以上から，この硬貨には細工がされているといえる。

例 8.7 を用いて，表が出る回数 X に対する棄却域を求めてみよう。まず，統計量 T を変形する。

$$T = \frac{\hat{p} - 0.5}{\sqrt{0.5(1 - 0.5)/100}} = \frac{10(\hat{p} - 0.5)}{0.5} = \frac{X - 50}{5}$$

ここに，$X = n\overline{X}$ に注意する。統計量 T が 1.64 より大きければ帰無仮説を棄却するから，

$$\frac{X - 50}{5} > 1.64$$

より $X > 50 + 1.64 \times 5 = 58.2$ を得る。つまり，X の実現値 x が 59 以上のとき帰無仮説を棄却する。この結果は，近似法を使わない場合と一致する。つまり，n が十分に大きければ近似法を用いてもよいことが確認できる。

問題 8.6

ある調査で新内閣を支持するか支持しないか調査したところ，無作為に選ばれた 400 人の内，278 人が新内閣を支持すると答えた。このとき，新内閣を支持する確率を p として，

$$H_0 : p = \frac{1}{2} \quad \text{vs.} \quad H_1 : p \neq \frac{1}{2}$$

について，有意水準 0.05 で検定せよ。

8.5　2 つの正規母集団に関する仮説検定

　次に，2 標本における検定問題を考える．8.5 節では $(x_1, x_2, \ldots, x_n, y_1, y_2, \ldots, y_m)$ を $(\boldsymbol{x}, \boldsymbol{y})$ と記す．

例 8.8　母平均差の検定：$\sigma_1^2 = \sigma_2^2 = \sigma^2$ は未知

　μ_1（未知），分散 σ^2（未知）の正規母集団からの無作為標本を $X_1, X_2, \ldots, X_n$ とする．また，平均 μ_2（未知），分散 σ^2（未知）の正規母集団からの無作為標本を $Y_1, Y_2, \ldots, Y_m$ とする．さらに，$(X_1, X_2, \ldots, X_n)$ と $(Y_1, Y_2, \ldots, Y_m)$ は互いに独立であるとする．

$$H_0 : \mu_1 = \mu_2 \quad \text{vs.} \quad H_1 : \mu_1 \neq \mu_2$$

に対する有意水準 α の尤度比検定の棄却域は

$$W^* = \left\{ (\boldsymbol{x}, \boldsymbol{y}) \,\middle|\, |t| > t_{n+m-2}\left(\frac{\alpha}{2}\right) \right\}$$

である．ただし，

$$t = \frac{\sqrt{n+m-2}(\overline{x} - \overline{y})}{\sqrt{\left(\dfrac{1}{n} + \dfrac{1}{m}\right)\left(\sum_{i=1}^{n}(x_i - \overline{x})^2 + \sum_{j=1}^{m}(y_j - \overline{y})^2\right)}}$$

である．ここに，

$$\overline{x} = \frac{1}{n}\sum_{i=1}^{n} x_i, \quad \overline{y} = \frac{1}{m}\sum_{j=1}^{m} y_j$$

である．したがって，次の検定方式が考えられる．

$$T \in R \text{ のとき，} H_0 \text{ を棄却する．}$$

ただし，

$$T = \frac{\sqrt{n+m-2}(\overline{X} - \overline{Y})}{\sqrt{\left(\dfrac{1}{n} + \dfrac{1}{m}\right)\left(\sum_{i=1}^{n}(X_i - \overline{X})^2 + \sum_{j=1}^{m}(Y_j - \overline{Y})^2\right)}},$$

$$\overline{X} = \frac{1}{n}\sum_{i=1}^{n}X_i, \overline{Y} = \frac{1}{m}\sum_{j=1}^{m}Y_j$$

であり，$R = (-\infty, -t_{n+m-2}(\alpha/2)) \cup (t_{n+m-2}(\alpha/2), \infty)$ である.

問題 8.7

問題 5.2 のデータについて考える. メスの甲幅が平均 μ_1, 分散 σ^2 の正規分布に従い, オスの甲幅が平均 μ_2, 分散 σ^2 の正規分布に従うと仮定する. このとき,

$$H_0 : \mu_1 = \mu_2 \quad \text{vs.} \quad H_1 : \mu_1 \neq \mu_2$$

について, 有意水準 0.05 で検定せよ.

例 8.9　母分散比の検定

平均 μ_1（未知）, 分散 σ_1^2（未知）の正規母集団からの無作為標本を $X_1, X_2, \ldots, X_n$ とする. また, 平均 μ_2（未知）, 分散 σ_2^2（未知）の正規母集団からの無作為標本を $Y_1, Y_2, \ldots, Y_m$ とする. さらに, $(X_1, X_2, \ldots, X_n)$ と $(Y_1, Y_2, \ldots, Y_m)$ は互いに独立であるとする.

$$H_0 : \sigma_1^2 = \sigma_2^2 \quad \text{vs.} \quad H_1 : \sigma_1^2 \neq \sigma_2^2$$

に対する有意水準 α の尤度比検定の棄却域は

$$W = \left\{(\boldsymbol{x}, \boldsymbol{y}) \,\middle|\, f < F_{m-1}^{n-1}\left(1 - \frac{\alpha}{2}\right) \text{ または } f > F_{m-1}^{n-1}\left(\frac{\alpha}{2}\right)\right\}$$

である. ただし,

$$\overline{x} = \frac{1}{n}\sum_{i=1}^{n} x_i, \quad \overline{y} = \frac{1}{m}\sum_{j=1}^{m} y_j, \quad f = \frac{\dfrac{1}{n-1}\sum_{i=1}^{n}(x_i - \overline{x})^2}{\dfrac{1}{m-1}\sum_{j=1}^{m}(y_j - \overline{y})^2}$$

である. したがって, 次の検定方式が考えられる.

$$T \in R \text{ のとき,} \quad H_0 \text{ を棄却する.}$$

ただし,

$$T = \frac{\dfrac{1}{n-1}\sum_{i=1}^{n}(X_i - \overline{X})^2}{\dfrac{1}{m-1}\sum_{j=1}^{m}(Y_j - \overline{Y})^2}, \quad \overline{X} = \frac{1}{n}\sum_{i=1}^{n} X_i, \overline{Y} = \frac{1}{m}\sum_{j=1}^{m} Y_j$$

であり, $R = \left(0, F_{m-1}^{n-1}(1-\alpha/2)\right) \cup \left(F_{m-1}^{n-1}(\alpha/2), \infty\right)$ である.

問題 8.8

　問題 5.2 のデータについて考える. メスの甲幅が平均 μ_1, 分散 σ_1^2 の正規分布に従い, オスの甲幅が平均 μ_2, 分散 σ_2^2 の正規分布に従うと仮定する. このとき,

$$H_0 : \sigma_1^2 = \sigma_2^2 \quad \text{vs.} \quad H_1 : \sigma_1^2 \neq \sigma_2^2$$

について, 有意水準 0.1 で検定せよ.

8.6　2 つのベルヌーイ母集団に関する仮説検定

　7.6 節では, 2 標本問題に対して近似分布に基づいた信頼区間の構成をみた. 例 8.10 では, 近似的な検定方法について紹介する.

| 例 8.10 | 母比率の差の検定

パラメータ p_1 のベルヌーイ母集団からの無作為標本を X_1, $X_2, \ldots, X_n$ とする. また, パラメータ p_2 のベルヌーイ母集団からの無作為標本を $Y_1, Y_2, \ldots, Y_m$ とする. さらに, $(X_1, X_2, \ldots, X_n)$ と $(Y_1, Y_2, \ldots, Y_m)$ は互いに独立であるとする.

$$H_0 : p_1 = p_2 \quad \text{vs.} \quad H_1 : p_1 \neq p_2$$

に対する有意水準 α の近似的な両側検定の棄却域は

$$W = \left\{ (\boldsymbol{x}, \boldsymbol{y}) \,\middle|\, \frac{|\bar{p}_1 - \bar{p}_2|}{\sqrt{\bar{p}_1(1-\bar{p}_1)/n + \bar{p}_2(1-\bar{p}_2)/m}} > z\left(\frac{\alpha}{2}\right) \right\} \quad (8.8)$$

である. ただし,

$$\bar{p}_1 = \frac{1}{n} \sum_{i=1}^{n} x_i, \quad \bar{p}_2 = \frac{1}{m} \sum_{j=1}^{m} y_j$$

である. したがって, 次の検定方式が考えられる.

$$T \in \left(-\infty, -z\left(\frac{\alpha}{2}\right) \right) \cup \left(z\left(\frac{\alpha}{2}\right), \infty \right) \text{ のとき, } H_0 \text{ を棄却する.}$$

ただし,

$$T = \frac{\hat{p}_1 - \hat{p}_2}{\sqrt{\hat{p}_1(1-\hat{p}_1)/n + \hat{p}_2(1-\hat{p}_2)/m}}, \quad \hat{p}_1 = \frac{1}{n} \sum_{i=1}^{n} X_i, \quad \hat{p}_2 = \frac{1}{m} \sum_{j=1}^{m} Y_j$$

である.

[例 8.10 の導出]

無作為標本 $X_1, X_2, \ldots, X_n$ は, 互いに独立にパラメータ p_1 のベルヌーイ分布に従うから, $\sum_{i=1}^{n} X_i$ はパラメータ (n, p_1) の二項分布に従う. 同様に, $\sum_{j=1}^{m} Y_j$ はパラメータ (m, p_2) の二項分布に従う. また, n が十分に大きいとき, $\hat{p}_1$ は近似的に平均 p_1, 分散 $\dfrac{\hat{p}_1(1-\hat{p}_1)}{n}$

の正規分布に従う. ただし, $\hat{p}_1 = \dfrac{1}{n}\sum_{i=1}^{n} X_i$ である. $\hat{p}_2 = \dfrac{1}{m}\sum_{j=1}^{m} Y_j$ も同様である. したがって, 正規分布の再生性より, n, m ともに十分大きいときに $\hat{p}_1 - \hat{p}_2$ は平均 $p_1 - p_2$, 分散 $\dfrac{\hat{p}_1(1-\hat{p}_1)}{n} + \dfrac{\hat{p}_2(1-\hat{p}_2)}{m}$ の正規分布に従う. ここで, 平均 $p_1 - p_2$ は未知, 分散 $\dfrac{\hat{p}_1(1-\hat{p}_1)}{n} + \dfrac{\hat{p}_2(1-\hat{p}_2)}{m}$ は既知 (未知パラメータ p_1 と p_2 を含まないという意味) として扱うとする. 仮説 $H_0 : p_1 = p_2$ を検定することは, 仮説

$$H_0 : p_1 - p_2 = 0 \quad \text{vs.} \quad H_1 : p_1 - p_2 \neq 0$$

を検定することと同じであり, 例 8.4 と対応させて,

$$W = \left\{ (\boldsymbol{x}, \boldsymbol{y}) \,\middle|\, \frac{|\bar{p}_1 - \bar{p}_2|}{\sqrt{\bar{p}_1(1-\bar{p}_1)/n + \bar{p}_2(1-\bar{p}_2)/m}} > z\left(\frac{\alpha}{2}\right) \right\}$$

を得る.   □

多くの教科書や参考書では, 次の結果を紹介している.

仮説 $H_0 : p_1 = p_2(= p)$ のもとで $\hat{p}_1 - \hat{p}_2$ の期待値が 0, 分散が $\left(\dfrac{1}{n} + \dfrac{1}{m}\right)p(1-p)$ となるから, n, m が十分に大きいとき,

$$\frac{\hat{p}_1 - \hat{p}_2}{\sqrt{\left(\dfrac{1}{n} + \dfrac{1}{m}\right)p(1-p)}}$$

は近似的に標準正規分布に従う. 仮説 H_0 のもとで, p の最尤推定量は,

$$\hat{p} = \frac{\sum_{i=1}^{n} X_i + \sum_{j=1}^{m} Y_j}{n + m}$$

であり, $\hat{p}_1 - \hat{p}_2$ の分散の p に $\hat{p}$ を代入した

$$\frac{\hat{p}_1 - \hat{p}_2}{\sqrt{\left(\dfrac{1}{n} + \dfrac{1}{m}\right)\hat{p}(1-\hat{p})}}$$

が近似的に標準正規分布に従う.

こちらの結果を用いると先と同様にして，

$$
W = \left\{ (\boldsymbol{x}, \boldsymbol{y}) \,\middle|\, \frac{|\bar{p}_1 - \bar{p}_2|}{\sqrt{\left(\dfrac{1}{n} + \dfrac{1}{m}\right) \bar{p}(1 - \bar{p})}} > z\left(\frac{\alpha}{2}\right) \right\} \tag{8.9}
$$

ただし，

$$
\bar{p}_1 = \frac{1}{n} \sum_{i=1}^{n} x_i, \quad \bar{p}_2 = \frac{1}{m} \sum_{j=1}^{m} y_j, \quad \bar{p} = \frac{\sum_{i=1}^{n} x_i + \sum_{j=1}^{m} y_j}{n + m}
$$

である.

(8.9) は仮説 H_0 のもとで p_1 と p_2 の推定を行なっていることに注意する. 最強力検定, 一様最強力検定, 尤度比検定のように性質の良い検定の構成が難しい場合もある. 例 8.10 のように仮説 H_0 のもとでの漸近分布が正規分布で近似できる場合には, それを利用して検定統計量を構成できることも重要なポイントである.

問題 8.9

A 地域において, 無作為に選ばれた 100 名についてインフルエンザに罹患しているか調査した結果, 7 名がインフルエンザに罹患していた. 一方, B 地域において, 無作為に選ばれた 100 名についてインフルエンザに罹患しているか調査した結果, 9 名がインフルエンザに罹患していた. このとき, A 地域と B 地域のインフルエンザに罹患している比率に差があるといえるか. 有意水準 0.05 で検定せよ.

なお, 8.3 節から 8.6 節までに扱った検定及びよく使われる検定のまとめを付録 B に載せた. 付録 B における本書で扱っていない検定についての詳細は [3] を参照してほしい.

8.7　適合度検定

　本節では，母集団を事象 $E_1, E_2, \ldots, E_k$ という互いに排反な k 個の部分集団に分割し，それらの事象が起こった観測度数と，仮定する分布のもとでそれらの事象が起こる期待度数とを比較して，仮定した分布が適合しているかどうかを検定する**適合度検定** (test of goodness of fit) を紹介する．

　表 8-1 は，さいころを 120 回繰り返しふった結果を集計したものである．

表 8-1　さいころを 120 回繰り返しふった結果

出目	1	2	3	4	5	6	計
観測度数	16	28	16	15	25	20	120

　このデータからさいころが正しいさいころかどうか判定したい．ここで「正しい」の意味は，それぞれの目の出やすさが均等であることとする．この場合，期待度数は仮定する分布のもとでそれらの事象が起こると期待される度数だから，1,2,3,4,5,6 のどの目が出ることも同様に確からしい正しいさいころとすれば，期待度数はどの出目に対しても等しく 20 である．したがって，得られた観測度数と期待度数である 20 とを比較して，仮定した正しいさいころの分布がデータに適合しているのか検定する．

　議論を一般化するために，次の記号を用いる（表 8-2 も参照）．全体で n 個のデータが互いに排反な k 個の事象 $E_1, E_2, \ldots, E_k$ に分類され，それぞれ $x_1, x_2, \ldots, x_k$ 個観測されたとすると，$x_1 + x_2 + \cdots + x_k = n$ である．また，それぞれの事象が起こる確率を $p_1, p_2, \ldots, p_k$ とすると，$p_1 + p_2 + \cdots + p_k = 1$ である．このとき，観測度数 $(x_1, x_2, \ldots, x_k)$ はパラメータ $(n, \boldsymbol{p})$ の多項分布からの実現値と考えられる．ただし，$\boldsymbol{p} = (p_1, p_2, \ldots, p_k)$ である．す

表 8-2 記法

事象	E_1	E_2	$\cdots$	E_k	計
観測度数	x_1	x_2	$\cdots$	x_k	n
確率	p_1	p_2	$\cdots$	p_k	1
期待度数	np_1	np_2	$\cdots$	np_k	n

なわち,

$$P(X_1 = x_1, X_2 = x_2, \ldots, X_k = x_k) = \frac{n!}{\prod_{i=1}^{k} x_i!} \prod_{i=1}^{k} p_i^{x_i}.$$

ここで, $E(X_i) = np_i$ に注意する.

次の仮説を考える.

$$\begin{cases} H_0 : p_i = p_i^* \ (\text{既知}), \quad i = 1, 2, \ldots, k \\ H_1 : H_0 \text{ではない} \end{cases}$$

仮説 H_0 のもとで, ピアソンの $\boldsymbol{\chi^2}$ 統計量 (Pearson chi-squared statistic)

$$X^2 = \sum_{i=1}^{k} \frac{(X_i - np_i^*)^2}{np_i^*}$$

は近似的に自由度 $k-1$ の χ^2 分布に従うことが知られている. したがって, 次の検定方式が考えられる.

$X^2 \in \left(\chi_{k-1}^2(\alpha), \infty \right)$ のとき, H_0 を棄却する.

これを $\boldsymbol{\chi^2}$ 適合度検定 (chi-squared test of goodness of fit) という.

仮説 H_0 が真ならば, X_i と H_0 のもとでの期待度数 np_i^* の差の 2 乗は小さい値をとるから, 統計量 X^2 の値は小さくなることが予想される. 一方, 仮説 H_0 が真でないならば, X_i と H_0 のもとでの期待度数 np_i^* の差の 2 乗は大きな値をとるから, 統計量 X^2 の値は大きくなることが予想される. このことから, 棄却域は右片側

のみ考えればよい．つまり，X^2 の実現値が大きければ，仮定した分布は観測度数に適合していないと考えて仮説 H_0 を棄却し，そうでなければ適合していると考えて仮説 H_0 を受容する．

適合度検定の棄却域　〜〜〜〜〜〜〜〜〜〜〜〜〜　コラム　〜〜

　　本文中では，棄却域を右片側にとることを直感的に解説した．厳密には，局所的対立仮説において統計量 X^2 は近似的に自由度 $k-1$ の非心 χ^2 分布に従うことが知られており，検出力の観点から右片側を考える方が良いことが確認できる．χ^2 適合度検定と尤度比検定との関係など，さらなる詳細については，[4] や [11] を参照されたい．

例題 8.5　さいころ投げ

　さいころを 120 回繰り返しふった結果をまとめた表が以下のように得られたとする．このデータからさいころが正しいさいころといえるか．有意水準 0.05 で検定せよ．

出目	1	2	3	4	5	6	計
観測度数	16	28	16	15	25	20	120

[解]

　正しいさいころか判定するため，次のように仮説を設定する．

$$H_0 : p_i = \frac{1}{6},\ i = 1, 2, \ldots, 6 \quad \text{vs.} \quad H_1 : H_0 \text{ではない}$$

$\chi^2_{6-1}(0.05) = \chi^2_5(0.05) = 11.07$ であるから，$R = (11.07, \infty)$ である．統計量 X^2 の実現値 x^2 は 7.3 であり，R に属さないから仮説 H_0 を受容する．したがって，このデータからさいころが正しくないと判断することはできない．

問題8.10

さいころを 180 回ふった結果をまとめた表が以下のように得られたとする．このデータからさいころが正しいさいころかどうか判定せよ．有意水準は $\alpha = 0.05$ とする．

出目	1	2	3	4	5	6	計
観測度数	36	18	20	55	31	20	180

次に，分割表の独立性の検定を紹介する．興味のある属性 A の事象 $A_1, A_2, \ldots, A_r$ と属性 B の事象 $B_1, B_2, \ldots, B_c$ について集計した二次元度数分布表を特に**分割表** (contingency table) と呼ぶ．n 個のデータのうち A_i かつ B_j である観測度数を x_{ij} とする．つまり，$n = \sum_{i=1}^{r} \sum_{j=1}^{c} x_{ij}$ である．また，確率 $P(A_i \cap B_j)$ を p_{ij} とする．さらに，

$$x_{i\cdot} = \sum_{j=1}^{c} x_{ij}, \quad P(A_i) = p_{i\cdot} = \sum_{j=1}^{c} p_{ij}, \quad i = 1, 2, \ldots, r,$$

$$x_{\cdot j} = \sum_{i=1}^{r} x_{ij}, \quad P(B_j) = p_{\cdot j} = \sum_{i=1}^{r} p_{ij}, \quad j = 1, 2, \ldots, c,$$

とする（表 8-3 参照）．このとき，観測度数

$$\boldsymbol{x} = (x_{11}, x_{12}, \ldots, x_{1c}, x_{21}, x_{22}, \ldots, x_{2c}, \ldots, x_{rc})$$

はパラメータ $(n, \boldsymbol{p})$ の多項分布からの実現値と考えられる．ただし，$\boldsymbol{p} = (p_{11}, p_{12}, \ldots, p_{1c}, p_{21}, p_{22}, \ldots, p_{2c}, \ldots, p_{rc})$ である．すなわち，

$$P(X_{11}{=}x_{11}, X_{12}{=}x_{12}, \ldots, X_{rc}{=}x_{rc}) = \frac{n!}{\prod_{i=1}^{r} \prod_{j=1}^{c} x_{ij}!} \prod_{i=1}^{r} \prod_{j=1}^{c} p_{ij}^{x_{ij}}.$$

また，$E(X_{ij}) = np_{ij}$ であることに注意する．

表 8-3 （左）観測度数，（右）同時確率

	B_1	B_2	$\cdots$	B_c	計		B_1	B_2	$\cdots$	B_c	計
A_1	x_{11}	x_{12}	$\cdots$	x_{1c}	$x_{1\cdot}$	A_1	p_{11}	p_{12}	$\cdots$	p_{1c}	$p_{1\cdot}$
A_2	x_{21}	x_{22}	$\cdots$	x_{2c}	$x_{2\cdot}$	A_2	p_{21}	p_{22}	$\cdots$	p_{2c}	$p_{2\cdot}$
$\vdots$	$\vdots$	$\vdots$	$\ddots$	$\vdots$	$\vdots$	$\vdots$	$\vdots$	$\vdots$	$\ddots$	$\vdots$	$\vdots$
A_r	x_{r1}	x_{r2}	$\cdots$	x_{rc}	$x_{r\cdot}$	A_r	p_{r1}	p_{r2}	$\cdots$	p_{rc}	$p_{r\cdot}$
計	$x_{\cdot1}$	$x_{\cdot2}$	$\cdots$	$x_{\cdot c}$	n	計	$p_{\cdot1}$	$p_{\cdot2}$	$\cdots$	$p_{\cdot c}$	1

興味のある仮説は，

$$
\begin{cases}
H_0 : A \text{ と } B \text{ は互いに統計的独立} \\
H_1 : H_0 \text{ではない}
\end{cases}
$$

である．ここで，仮説 H_0 は次のようにも表すことができる．

$$H_0 : p_{ij} = p_{i\cdot}p_{\cdot j}, \quad i = 1, 2, \ldots, r; j = 1, 2, \ldots, c.$$

仮説 H_0 のもとでの p_{ij} の最尤推定量は

$$\hat{p}_{ij} = \hat{p}_{i\cdot}\hat{p}_{\cdot j} = \frac{X_{i\cdot}X_{\cdot j}}{n^2}, \quad i = 1, 2, \ldots, r; j = 1, 2, \ldots, c$$

ただし，

$$X_{i\cdot} = \sum_{j=1}^{c} X_{ij}, \quad X_{\cdot j} = \sum_{i=1}^{r} X_{ij}$$

であることが知られている．また，統計量

$$X^2 = \sum_{i=1}^{r}\sum_{j=1}^{c} \frac{(X_{ij} - n\hat{p}_{ij})^2}{n\hat{p}_{ij}} = \sum_{i=1}^{r}\sum_{j=1}^{c} \frac{(X_{ij} - X_{i\cdot}X_{\cdot j}/n)^2}{X_{i\cdot}X_{\cdot j}/n}$$

は近似的に自由度 $(r-1)(c-1)$ の χ^2 分布に従う．したがって，次の検定方式が考えられる．

$$X^2 \in \left(\chi^2_{(r-1)(c-1)}(\alpha), \infty\right) \text{ のとき, } H_0 \text{ を棄却する.}$$

例題 8.6 独立性の検定

次の表は，ある大学の統計学の講義を受講したかどうかと，ある検定試験に合格したか否かをまとめた分割表である．この表から，統計学の講義の受講と検定試験の合否は独立といえるか．有意水準 0.05 で検定せよ．

統計学の講義	検定試験の合否 合格	不合格	計
受講した	30	10	40
受講しなかった	10	20	30
計	40	30	70

[解]

H_0：統計学の講義の受講と検定試験の合否が独立である，$H_1 : H_0$ ではない，とする．このとき，H_0 のもとで統計量 X^2 は近似的に自由度 $(2-1)(2-1) = 1$ の χ^2 分布に従うから，$R = (3.84, \infty)$ である．統計量 X^2 の実現値を計算すると 12.15 であるから，R に含まれる．したがって，帰無仮説を棄却する．つまり，統計学の講義の受講と検定試験の合否は，独立ではない．

問題 8.11

ある大学の統計学の講義の成績とある検定試験に合格したか否かをまとめた分割表である．この表から，統計学の講義の成績と検定試験の合否は独立といえるか．有意水準 0.05 で検定せよ．

統計学の講義の成績	検定試験の合否		計
	合格	不合格	
S	20	5	25
A	15	10	25
B	5	15	20
C	5	5	10
計	45	35	80

付　録

付録では，A で正規母集団の諸定理の証明，B で仮説検定早
見表，C で信頼区間の幅の考察，D で付表を載せた．特に，
A と C は確率・統計の多くの本では見かけない話題である．
興味のある読者はぜひ熟読してほしい．

A　正規母集団の諸定理の証明

A.1　定理 5.1 の証明

$\boldsymbol{X} = (X_1, X_2, \ldots, X_n)^\top$ の同時分布は，平均ベクトル $\boldsymbol{\mu} = (\mu, \mu, \ldots, \mu)^\top$，分散共分散行列 $\sigma^2 I_n$ の n 変量正規分布である．ただし，$(a_1, a_2, \ldots, a_n)^\top$ は $(a_1, a_2, \ldots, a_n)$ の転置行列，I_n は $n \times n$ の単位行列である．（n 変量正規分布とその性質については，[8] や [11] などを参照されたい．）$H = (h_{ij})$ を最初の行が $(1/\sqrt{n}, 1/\sqrt{n}, \ldots, 1/\sqrt{n})$ である $n \times n$ の直交行列とする．このような行列 H の例としては，

$$
\begin{aligned}
\boldsymbol{h}_1 &= (1, 1, 1, 1, \ldots, 1, 1)^\top, \\
\boldsymbol{h}_2 &= (1, -1, 0, 0, \ldots, 0, 0)^\top, \\
\boldsymbol{h}_3 &= (1, 1, -2, 0, \ldots, 0, 0)^\top, \\
&\vdots \\
\boldsymbol{h}_n &= (1, 1, 1, 1, \ldots, 1, -(n-1))^\top
\end{aligned}
$$

を正規化した

$$
\begin{aligned}
\boldsymbol{u}_1 &= \frac{(1, 1, 1, 1, \ldots, 1, 1)^\top}{\sqrt{n}}, \\
\boldsymbol{u}_2 &= \frac{(1, -1, 0, 0, \ldots, 0, 0)^\top}{\sqrt{2}}, \\
\boldsymbol{u}_3 &= \frac{(1, 1, -2, 0, \ldots, 0, 0)^\top}{\sqrt{6}}, \\
&\vdots \\
\boldsymbol{u}_n &= \frac{(1, 1, 1, 1, \ldots, 1, -(n-1))^\top}{\sqrt{n(n-1)}}
\end{aligned}
$$

を並べたヘルマート行列 $H = (\boldsymbol{u}_1, \boldsymbol{u}_2, \boldsymbol{u}_3, \ldots, \boldsymbol{u}_n)^\top$ がある．いま，直交行列 H を用いて $\boldsymbol{Y} = H\boldsymbol{X}$ とおく．このとき，$\boldsymbol{Y}$ の第 1 成分 Y_1 は，

$$
Y_1 = \frac{1}{\sqrt{n}} \sum_{i=1}^{n} X_i = \sqrt{n}\,\overline{X}
$$

であり，H が直交行列（すなわち $H^\top H = HH^\top = I_n$ を満たす）から

$$\boldsymbol{Y}^\top \boldsymbol{Y} = \boldsymbol{X}^\top H^\top H \boldsymbol{X} = \boldsymbol{X}^\top \boldsymbol{X}$$

である．したがって，

$$\sum_{i=2}^{n} Y_i^2 = \sum_{i=1}^{n} X_i^2 - Y_1^2 = \sum_{i=1}^{n} X_i^2 - n\overline{X}^2 = \sum_{i=1}^{n} (X_i - \overline{X})^2$$

となる．$\boldsymbol{Y}$ は平均 $H\boldsymbol{\mu}$，分散共分散行列 $H(\sigma^2 I_n)H^\top = \sigma^2 I_n$ の n 変量正規分布に従うことから，$Y_1, Y_2, \ldots, Y_n$ は互いに独立である．$\overline{X}$ は Y_1 のみの関数，$\sum_{i=1}^{n}(X_i - \overline{X})^2$ は $Y_2, Y_3, \ldots, Y_n$ の関数であるから，$\overline{X}$ と $\sum_{i=1}^{n}(X_i - \overline{X})^2$ は互いに独立である．

H が直交行列であるから最初の行と第 $i(\neq 1)$ 行の内積は 0 となる．つまり，

$$\sum_{j=1}^{n} \frac{1}{\sqrt{n}} h_{ij} = \frac{1}{\sqrt{n}} \sum_{j=1}^{n} h_{ij} = 0$$

であるから，$\boldsymbol{Y}$ の第 i 成分 $Y_i(i = 2, 3, \ldots, n)$ に対して，

$$E(Y_i) = \sum_{j=1}^{n} h_{ij}\mu = 0$$

となる．したがって，$Y_2, Y_3, \ldots, Y_n$ は互いに独立で平均 0，分散 σ^2 の正規分布に従う．以上から，

$$\frac{1}{\sigma^2} \sum_{i=1}^{n} (X_i - \overline{X})^2 = \sum_{i=2}^{n} \left(\frac{Y_i}{\sigma} \right)^2$$

より $\sum_{i=1}^{n}(X_i - \overline{X})^2/\sigma^2$ は自由度 $n-1$ の χ^2 分布に従う．

A.2 定理 5.2 の証明

$Z = \dfrac{\sqrt{n}(\overline{X} - \mu)}{\sigma}, V = \dfrac{(n-1)U^2}{\sigma^2}$ とすると，

$$\frac{\sqrt{n}(\overline{X} - \mu)}{U} = \frac{\sqrt{n}(\overline{X} - \mu)/\sigma}{\sqrt{(n-1)U^2/(n-1)\sigma^2}} = \frac{Z}{\sqrt{V/(n-1)}}$$

となる．このとき，系 5.1 より Z は平均 0，分散 1 の正規分布に従い，定理 5.1 より V は Z と互いに独立で自由度 $n-1$ の χ^2 分布に従う．ここで，(Z, V) から (T, S) への変数変換

$$T = \frac{Z}{\sqrt{V/(n-1)}}, \quad S = V$$

を考える．Z と V の同時確率密度関数は，

$$f(z, v) = \frac{1}{\sqrt{2\pi}} \exp\left(-\frac{z^2}{2}\right) \frac{v^{\frac{n-1}{2}-1}}{2^{\frac{n-1}{2}} \Gamma\left(\frac{n-1}{2}\right)} \exp\left(-\frac{v}{2}\right)$$

であり，変換のヤコビアンは $\sqrt{s/(n-1)}$ であるから T と S の同時確率密度関数は，

$$\begin{aligned}
g(t, s) &= f\left(t\sqrt{\frac{s}{n-1}}, s\right)\sqrt{\frac{s}{n-1}} \\
&= \frac{1}{\sqrt{2\pi} 2^{\frac{n-1}{2}} \Gamma\left(\frac{n-1}{2}\right)\sqrt{n-1}} s^{\frac{1}{2}((n-1)-1)} \exp\left(-\frac{1}{2}s\left(1+\frac{t^2}{n-1}\right)\right)
\end{aligned}$$

である．このとき，t を固定して $u = \frac{1}{2}s\left(1+\frac{t^2}{n-1}\right)$ と変換すると

$$\int_0^\infty s^{\frac{1}{2}((n-1)-1)} \exp\left(-\frac{1}{2}s\left(1+\frac{t^2}{n-1}\right)\right) ds = \frac{2^{\frac{n}{2}}}{\left(1+\frac{t^2}{n-1}\right)^{\frac{n}{2}}} \Gamma\left(\frac{n}{2}\right)$$

となることに注意して，$g(t, s)$ を s に関して積分して T の周辺確率密度関数を求めると

$$\begin{aligned}
g(t) &= \int_0^\infty g(t, s) ds \\
&= \frac{1}{\sqrt{2\pi} 2^{\frac{n-1}{2}} \Gamma\left(\frac{n-1}{2}\right)\sqrt{n-1}} \frac{2^{\frac{n}{2}}}{\left(1+\frac{t^2}{n-1}\right)^{\frac{n}{2}}} \Gamma\left(\frac{n}{2}\right) \\
&= \frac{\Gamma\left(\frac{n}{2}\right)}{\sqrt{(n-1)\pi}\,\Gamma\left(\frac{n-1}{2}\right)} \left(1+\frac{t^2}{n-1}\right)^{-\frac{n}{2}}
\end{aligned}$$

となる．これは自由度 $n-1$ の t 分布の確率密度関数であるから，$\sqrt{n}(\overline{X}-\mu)/U$ は自由度 $n-1$ の t 分布に従う．

A.3　定理 5.4 の証明

$V = nS_1^2/\sigma^2, W = mS_2^2/\sigma^2$ とすると，定理 5.1 より V と W は互いに独立でそれぞれ自由度 $n-1$ と $m-1$ の χ^2 分布に従う．ここで，(V, W) から (F, U) への変数変換

$$F = \frac{V/(n-1)}{W/(m-1)}, \quad U = W$$

を考えると，この変換のヤコビアンは $\dfrac{n-1}{m-1}u$ である．したがって，(V, W) の同時確率密度関数が

$$g(v, w) = \frac{v^{\frac{n-1}{2}-1}\exp\left(-\dfrac{v}{2}\right)}{2^{\frac{n-1}{2}}\Gamma\left(\dfrac{n-1}{2}\right)}\frac{w^{\frac{m-1}{2}-1}\exp\left(-\dfrac{w}{2}\right)}{2^{\frac{m-1}{2}}\Gamma\left(\dfrac{m-1}{2}\right)}$$

であるから，(F, U) の同時確率密度関数は

$$h(f, u) = \frac{(n-1)^{\frac{n-1}{2}}(m-1)^{-\frac{n-1}{2}}f^{\frac{n-1}{2}-1}u^{\frac{n+m-2}{2}-1}\exp\left(-\dfrac{1}{2}u\left(1+\dfrac{n-1}{m-1}f\right)\right)}{2^{\frac{n-1}{2}}\Gamma\left(\dfrac{n-1}{2}\right)2^{\frac{m-1}{2}}\Gamma\left(\dfrac{m-1}{2}\right)}$$

となる．このとき，f を固定して $t = \dfrac{1}{2}u\left(1+\dfrac{n-1}{m-1}f\right)$ と変換すると

$$\int_0^\infty u^{\frac{n+m-2}{2}-1}\exp\left(-\frac{1}{2}u\left(1+\frac{n-1}{m-1}f\right)\right)du = \frac{(2(m-1))^{\frac{n+m-2}{2}}\Gamma\left(\dfrac{n+m-2}{2}\right)}{((n-1)f+m-1)^{\frac{n+m-2}{2}}}$$

となることに注意して，$h(f, u)$ を u に関して積分して F の周辺確率密度関数を求めると

$$h(f) = \int_0^\infty h(f, u)du$$

$$= \frac{(n-1)^{\frac{n-1}{2}}(m-1)^{-\frac{n-1}{2}}f^{\frac{n-1}{2}-1}}{2^{\frac{n-1}{2}}\Gamma\left(\dfrac{n-1}{2}\right)2^{\frac{m-1}{2}}\Gamma\left(\dfrac{m-1}{2}\right)}\frac{(2(m-1))^{\frac{n+m-2}{2}}\Gamma\left(\dfrac{n+m-2}{2}\right)}{((n-1)f+m-1)^{\frac{n+m-2}{2}}}$$

$$= \frac{(n-1)^{\frac{n-1}{2}}(m-1)^{\frac{m-1}{2}}f^{\frac{n-1}{2}-1}}{\Gamma\left(\dfrac{n-1}{2}\right)\Gamma\left(\dfrac{m-1}{2}\right)}\frac{\Gamma\left(\dfrac{n+m-2}{2}\right)}{((n-1)f+m-1)^{\frac{n+m-2}{2}}}$$

となる．これは自由度 $(n-1, m-1)$ の F 分布の確率密度関数であるから，$(nS_1^2/(n-1))/(mS_2^2/(m-1))$ は自由度 $(n-1, m-1)$ の F 分布に従う．

B　仮説検定早見表

本書で扱った検定及びよく使われる検定をまとめた．ただし，α は有意水準である．

(i)　正規母集団 $N(\mu, \sigma^2)$ の母平均 μ の検定（σ^2 は既知）

H_0	H_1	H_0 を棄却
$\mu = \mu_0$	$\mu > \mu_0$	$T_1 \in (z(\alpha), \infty)$
$\mu = \mu_0$	$\mu < \mu_0$	$T_1 \in (-\infty, -z(\alpha))$
$\mu = \mu_0$	$\mu \neq \mu_0$	$T_1 \in (-\infty, -z(\alpha/2)) \cup (z(\alpha/2), \infty)$

ただし，$T_1 = \dfrac{\sqrt{n}(\overline{X} - \mu_0)}{\sigma}$

(ii)　正規母集団 $N(\mu, \sigma^2)$ の母平均 μ の検定（σ^2 は未知）

H_0	H_1	H_0 を棄却
$\mu = \mu_0$	$\mu > \mu_0$	$T_2 \in (t_{n-1}(\alpha), \infty)$
$\mu = \mu_0$	$\mu < \mu_0$	$T_2 \in (-\infty, -t_{n-1}(\alpha))$
$\mu = \mu_0$	$\mu \neq \mu_0$	$T_2 \in (-\infty, -t_{n-1}(\alpha/2)) \cup (t_{n-1}(\alpha/2), \infty)$

ただし，$T_2 = \dfrac{\sqrt{n}(\overline{X} - \mu_0)}{U}$

(iii)　正規母集団 $N(\mu, \sigma^2)$ の母分散 σ^2 の検定（μ は既知）

H_0	H_1	H_0 を棄却
$\sigma^2 = \sigma_0^2$	$\sigma^2 > \sigma_0^2$	$T_3 \in \left(\chi_n^2(\alpha), \infty\right)$
$\sigma^2 = \sigma_0^2$	$\sigma^2 < \sigma_0^2$	$T_3 \in \left(0, \chi_n^2(1-\alpha)\right)$
$\sigma^2 = \sigma_0^2$	$\sigma^2 \neq \sigma_0^2$	$T_3 \in \left(0, \chi_n^2(1-\alpha/2)\right) \cup \left(\chi_n^2(\alpha/2), \infty\right)$

ただし，$T_3 = \dfrac{1}{\sigma_0^2} \displaystyle\sum_{i=1}^{n} (X_i - \mu)^2$

(iv) 正規母集団 $N(\mu, \sigma^2)$ の母分散 σ^2 の検定 (μ は未知)

H_0	H_1	H_0 を棄却
$\sigma^2 = \sigma_0^2$	$\sigma^2 > \sigma_0^2$	$T_4 \in \left(\chi_{n-1}^2(\alpha), \infty\right)$
$\sigma^2 = \sigma_0^2$	$\sigma^2 < \sigma_0^2$	$T_4 \in \left(0, \chi_{n-1}^2(1-\alpha)\right)$
$\sigma^2 = \sigma_0^2$	$\sigma^2 \neq \sigma_0^2$	$T_4 \in \left(0, \chi_{n-1}^2(1-\alpha/2)\right) \cup \left(\chi_{n-1}^2(\alpha/2), \infty\right)$

ただし, $T_4 = \dfrac{1}{\sigma_0^2} \displaystyle\sum_{i=1}^{n}(X_i - \overline{X})^2$

(v) ベルヌーイ母集団の母比率 p の検定

H_0	H_1	H_0 を棄却
$p = p_0$	$p > p_0$	$T_5 \in (z(\alpha), \infty)$
$p = p_0$	$p < p_0$	$T_5 \in (-\infty, -z(\alpha))$
$p = p_0$	$p \neq p_0$	$T_5 \in (-\infty, -z(\alpha/2)) \cup (z(\alpha/2), \infty)$

ただし, $T_5 = \dfrac{\sqrt{n}(\hat{p} - p_0)}{\sqrt{p_0(1 - p_0)}}$

(vi) 2つの正規母集団に関する検定:母平均差の検定 (σ_1^2 と σ_2^2 は既知)

H_0	H_1	H_0 を棄却
$\mu_1 = \mu_2$	$\mu_1 > \mu_2$	$T_6 \in (z(\alpha), \infty)$
$\mu_1 = \mu_2$	$\mu_1 < \mu_2$	$T_6 \in (-\infty, -z(\alpha))$
$\mu_1 = \mu_2$	$\mu_1 \neq \mu_2$	$T_6 \in (-\infty, -z(\alpha/2)) \cup (z(\alpha/2), \infty)$

ただし,

$$T_6 = \frac{\overline{X} - \overline{Y}}{\sqrt{\sigma_1^2/n + \sigma_2^2/m}}.$$

(vii) 2つの正規母集団に関する検定:母平均差の検定 ($\sigma_1^2 = \sigma_2^2 = \sigma^2$ は未知)

H_0	H_1	H_0 を棄却
$\mu_1 = \mu_2$	$\mu_1 > \mu_2$	$T_7 \in (t_{n+m-2}(\alpha), \infty)$
$\mu_1 = \mu_2$	$\mu_1 < \mu_2$	$T_7 \in (-\infty, -t_{n+m-2}(\alpha))$
$\mu_1 = \mu_2$	$\mu_1 \neq \mu_2$	$T_7 \in (-\infty, -t_{n+m-2}(\alpha/2)) \cup (t_{n+m-2}(\alpha/2), \infty)$

ただし,

$$T_7 = \frac{\sqrt{n+m-2}(\overline{X} - \overline{Y})}{\sqrt{\left(\frac{1}{n} + \frac{1}{m}\right)\left(\sum_{i=1}^{n}(X_i - \overline{X})^2 + \sum_{j=1}^{m}(Y_j - \overline{Y})^2\right)}}.$$

(viii) 2つの正規母集団に関する検定：母分散比の検定（μ_1 と μ_2 は未知）

H_0	H_1	H_0 を棄却
$\sigma_1^2 = \sigma_2^2$	$\sigma_1^2 > \sigma_2^2$	$T_8 \in \left(F_{m-1}^{n-1}(\alpha), \infty\right)$
$\sigma_1^2 = \sigma_2^2$	$\sigma_1^2 < \sigma_2^2$	$T_8 \in \left(0, F_{m-1}^{n-1}(1-\alpha)\right)$
$\sigma_1^2 = \sigma_2^2$	$\sigma_1^2 \neq \sigma_2^2$	$T_8 \in \left(0, F_{m-1}^{n-1}(1-\alpha/2)\right) \cup \left(F_{m-1}^{n-1}(\alpha/2), \infty\right)$

ただし，

$$T_8 = \frac{\dfrac{1}{n-1}\sum_{i=1}^{n}(X_i - \overline{X})^2}{\dfrac{1}{m-1}\sum_{j=1}^{m}(Y_j - \overline{Y})^2}.$$

(ix)　2つのベルヌーイ母集団に関する検定：母比率の差の検定

H_0	H_1	H_0 を棄却
$p_1 = p_2$	$p_1 > p_2$	$T_9 \in (z(\alpha), \infty)$
$p_1 = p_2$	$p_1 < p_2$	$T_9 \in (-\infty, -z(\alpha))$
$p_1 = p_2$	$p_1 \neq p_2$	$T_9 \in (-\infty, -z(\alpha/2)) \cup (z(\alpha/2), \infty)$

ただし，

$$T_9 = \frac{\hat{p}_1 - \hat{p}_2}{\sqrt{\hat{p}_1(1-\hat{p}_1)/n + \hat{p}_2(1-\hat{p}_2)/m}}.$$

C　信頼区間の幅について

例 7.2 に関して，(7.4) で与えられる信頼区間

$$\left[\overline{X} - z\left(\frac{\alpha}{2}\right)\frac{\sigma}{\sqrt{n}},\ \overline{X} + z\left(\frac{\alpha}{2}\right)\frac{\sigma}{\sqrt{n}}\right]$$

の幅が他の信頼区間の幅と比較して，最小であるかを考察する.

まず，母数 θ に対する $100(1-\alpha)\%$ 信頼区間は，統計量 $L \leq U$ に対して

$$P(L \leq \theta \leq U) \geq 1-\alpha$$

を満たす閉区間 $[L,U]$ である．明らかに，$P(L \leq \theta \leq U)$ の値が増加すれば，閉区間 $[L,U]$ の幅も単調増加する．母分布が正規分布であれば

$$P(L \leq \theta \leq U) = 1-\alpha$$

となる $[L,U]$ は必ず存在するため，これを満たす中で，最小幅の信頼区間を見つければよい.

$X_1, X_2, \ldots, X_n$ は平均 μ（未知），分散 σ^2（既知）の正規母集団からの無作為標本であり，μ の推定量として $\overline{X}$ は良い性質を持つ．定理 4.3 より，$(\overline{X} - \mu)/(\sigma/\sqrt{n}) \sim N(0,1)$ であるので，実数 $\theta_1, \theta_2(\theta_1 \leq \theta_2)$ に対して

$$P\left(\theta_1 \leq \frac{\overline{X} - \mu}{\sigma/\sqrt{n}} \leq \theta_2\right) = \int_{\theta_1}^{\theta_2} \frac{1}{\sqrt{2\pi}} e^{-\frac{1}{2}x^2}\, dx$$

である．つまり

$$P\left(\overline{X} - \theta_2\frac{\sigma}{\sqrt{n}} \leq \mu \leq \overline{X} - \theta_1\frac{\sigma}{\sqrt{n}}\right) = \int_{\theta_1}^{\theta_2} \frac{1}{\sqrt{2\pi}} e^{-\frac{1}{2}x^2}\, dx$$

である．よって，$\theta_1(\alpha), \theta_2(\alpha)$ を

$$\int_{\theta_1(\alpha)}^{\theta_2(\alpha)} \frac{1}{\sqrt{2\pi}} e^{-\frac{1}{2}x^2}\, dx = 1-\alpha \tag{C.1}$$

を満たす実数とすると，μ の信頼区間の形は

$$\left[\overline{X} - \theta_2(\alpha)\frac{\sigma}{\sqrt{n}},\ \overline{X} - \theta_1(\alpha)\frac{\sigma}{\sqrt{n}}\right]$$

に限定できる．よって，信頼区間の幅 $\delta(\alpha)$ は

$$\delta(\alpha) = \overline{X} - \theta_1(\alpha)\frac{\sigma}{\sqrt{n}} - \left(\overline{X} - \theta_2(\alpha)\frac{\sigma}{\sqrt{n}}\right) = \frac{\sigma}{\sqrt{n}}(\theta_2(\alpha) - \theta_1(\alpha))$$

となる. 信頼区間の幅の関数 $\delta(\alpha)$ を精度と呼ぶ. n と σ は与えられている定数なので, 精度 $\delta(\alpha)$ が最小となるように, $\theta_1(\alpha), \theta_2(\alpha)$ を定めればよい. ここで, $\theta_1(\alpha) = -z(\alpha/2)$ としたとき, (C.1) より $\theta_2(\alpha) = z(\alpha/2)$ となり, 精度 $\delta_0(\alpha)$ は

$$\delta_0(\alpha) = \frac{2\sigma}{\sqrt{n}}z\left(\frac{\alpha}{2}\right)$$

となる. $\epsilon_1 > 0$ とし

$$\int_{-z(\alpha/2)+\epsilon_1}^{\theta_2(\alpha)} \frac{1}{\sqrt{2\pi}}e^{-\frac{1}{2}x^2}\,dx = 1 - \alpha$$

を満たす $\theta_2(\alpha)$ は, 被積分関数 $e^{-\frac{1}{2}x^2}$ が連続かつ正の値を取ることから, ある $\epsilon_2 > 0$ が唯一存在して, $\theta_2(\alpha) = z(\alpha/2) + \epsilon_2$ と書ける. このときの精度 $\delta_{\epsilon_1}(\alpha)$ は

$$\delta_{\epsilon_1}(\alpha) = \frac{2\sigma}{\sqrt{n}}z\left(\frac{\alpha}{2}\right) + \frac{\sigma}{\sqrt{n}}(\epsilon_2 - \epsilon_1) \tag{C.2}$$

である. ここで

$$
\begin{aligned}
1-\alpha &= \frac{1}{\sqrt{2\pi}}\int_{-z(\alpha/2)+\epsilon_1}^{\theta_2(\alpha)} e^{-\frac{1}{2}x^2}\,dx \\
&= \frac{1}{\sqrt{2\pi}}\left(-\int_{-z(\alpha/2)}^{-z(\alpha/2)+\epsilon_1} e^{-\frac{1}{2}x^2}\,dx + \int_{-z(\alpha/2)}^{z(\alpha/2)} e^{-\frac{1}{2}x^2}\,dx + \int_{z(\alpha/2)}^{z(\alpha/2)+\epsilon_2} e^{-\frac{1}{2}x^2}\,dx\right) \\
&= \frac{1}{\sqrt{2\pi}}\left(-\int_{-z(\alpha/2)}^{-z(\alpha/2)+\epsilon_1} e^{-\frac{1}{2}x^2}\,dx + \int_{z(\alpha/2)}^{z(\alpha/2)+\epsilon_2} e^{-\frac{1}{2}x^2}\,dx\right) + 1 - \alpha
\end{aligned}
$$

である. $e^{-\frac{1}{2}x^2}$ は $x = 0$ で対称であることを利用すると

$$\int_{-z(\alpha/2)}^{-z(\alpha/2)+\epsilon_1} e^{-\frac{1}{2}x^2}\,dx = \int_{z(\alpha/2)-\epsilon_1}^{z(\alpha/2)} e^{-\frac{1}{2}x^2}\,dx = \int_{z(\alpha/2)}^{z(\alpha/2)+\epsilon_2} e^{-\frac{1}{2}x^2}\,dx \tag{C.3}$$

を得る. さらに, $e^{-\frac{1}{2}x^2}$ は $x \geq 0$ で狭義単調減少関数のため, (C.3) を満たすためには $\epsilon_1 < \epsilon_2$ でなければならない. よって, (C.2) より任意の $\epsilon_1 > 0$ に対して, $\delta_{\epsilon_1}(\alpha) > \delta_0(\alpha)$ である. 再び $x = 0$ における $e^{-\frac{1}{2}x^2}$ の対称性を使うと, $\epsilon_1 < 0$ でも $\delta_{\epsilon_1}(\alpha) > \delta_0(\alpha)$ を同様

に示すことができる．すなわち，$\delta_0(\alpha)$ が最小であることを表しており，$\theta_1(\alpha) = -z(\alpha/2), \theta_2(\alpha) = z(\alpha/2) = -\theta_1(\alpha)$ である対称な信頼区間 (7.4) を得る．

D　付表

....

D.1　標準正規分布表

$$p(z) = \int_z^\infty \frac{1}{\sqrt{2\pi}} e^{-\frac{1}{2}x^2} dx$$

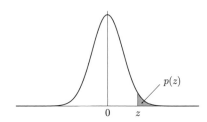

z	0.00	0.01	0.02	0.03	0.04	0.05	0.06	0.07	0.08	0.09
0.0	0.5000	0.4960	0.4920	0.4880	0.4840	0.4801	0.4761	0.4721	0.4681	0.4641
0.1	0.4602	0.4562	0.4522	0.4483	0.4443	0.4404	0.4364	0.4325	0.4286	0.4247
0.2	0.4207	0.4168	0.4129	0.4090	0.4052	0.4013	0.3974	0.3936	0.3897	0.3859
0.3	0.3821	0.3783	0.3745	0.3707	0.3669	0.3632	0.3594	0.3557	0.3520	0.3483
0.4	0.3446	0.3409	0.3372	0.3336	0.3300	0.3264	0.3228	0.3192	0.3156	0.3121
0.5	0.3085	0.3050	0.3015	0.2981	0.2946	0.2912	0.2877	0.2843	0.2810	0.2776
0.6	0.2743	0.2709	0.2676	0.2643	0.2611	0.2578	0.2546	0.2514	0.2483	0.2451
0.7	0.2420	0.2389	0.2358	0.2327	0.2297	0.2266	0.2236	0.2207	0.2177	0.2148
0.8	0.2119	0.2090	0.2061	0.2033	0.2005	0.1977	0.1949	0.1922	0.1894	0.1867
0.9	0.1841	0.1814	0.1788	0.1762	0.1736	0.1711	0.1685	0.1660	0.1635	0.1611
1.0	0.1587	0.1562	0.1539	0.1515	0.1492	0.1469	0.1446	0.1423	0.1401	0.1379
1.1	0.1357	0.1335	0.1314	0.1292	0.1271	0.1251	0.1230	0.1210	0.1190	0.1170
1.2	0.1151	0.1131	0.1112	0.1093	0.1075	0.1057	0.1038	0.1020	0.1003	0.0985
1.3	0.0968	0.0951	0.0934	0.0918	0.0901	0.0885	0.0869	0.0853	0.0838	0.0823
1.4	0.0808	0.0793	0.0778	0.0764	0.0749	0.0735	0.0721	0.0708	0.0694	0.0681
1.5	0.0668	0.0655	0.0643	0.0630	0.0618	0.0606	0.0594	0.0582	0.0571	0.0559
1.6	0.0548	0.0537	0.0526	0.0516	0.0505	0.0495	0.0485	0.0475	0.0465	0.0455
1.7	0.0446	0.0436	0.0427	0.0418	0.0409	0.0401	0.0392	0.0384	0.0375	0.0367
1.8	0.0359	0.0351	0.0344	0.0336	0.0329	0.0322	0.0314	0.0307	0.0301	0.0294
1.9	0.0287	0.0281	0.0274	0.0268	0.0262	0.0256	0.0250	0.0244	0.0239	0.0233
2.0	0.0228	0.0222	0.0217	0.0212	0.0207	0.0202	0.0197	0.0192	0.0188	0.0183
2.1	0.0179	0.0174	0.0170	0.0166	0.0162	0.0158	0.0154	0.0150	0.0146	0.0143
2.2	0.0139	0.0136	0.0132	0.0129	0.0125	0.0122	0.0119	0.0116	0.0113	0.0110
2.3	0.0107	0.0104	0.0102	0.0099	0.0096	0.0094	0.0091	0.0089	0.0087	0.0084
2.4	0.0082	0.0080	0.0078	0.0075	0.0073	0.0071	0.0069	0.0068	0.0066	0.0064
2.5	0.0062	0.0060	0.0059	0.0057	0.0055	0.0054	0.0052	0.0051	0.0049	0.0048
2.6	0.0047	0.0045	0.0044	0.0043	0.0041	0.0040	0.0039	0.0038	0.0037	0.0036
2.7	0.0035	0.0034	0.0033	0.0032	0.0031	0.0030	0.0029	0.0028	0.0027	0.0026
2.8	0.0026	0.0025	0.0024	0.0023	0.0023	0.0022	0.0021	0.0021	0.0020	0.0019
2.9	0.0019	0.0018	0.0018	0.0017	0.0016	0.0016	0.0015	0.0015	0.0014	0.0014
3.0	0.0013	0.0013	0.0013	0.0012	0.0012	0.0011	0.0011	0.0011	0.0010	0.0010
3.1	0.0010	0.0009	0.0009	0.0009	0.0008	0.0008	0.0008	0.0008	0.0007	0.0007
3.2	0.0007	0.0007	0.0006	0.0006	0.0006	0.0006	0.0006	0.0005	0.0005	0.0005
3.3	0.0005	0.0005	0.0005	0.0004	0.0004	0.0004	0.0004	0.0004	0.0004	0.0003
3.4	0.0003	0.0003	0.0003	0.0003	0.0003	0.0003	0.0003	0.0003	0.0003	0.0002
3.5	0.0002	0.0002	0.0002	0.0002	0.0002	0.0002	0.0002	0.0002	0.0002	0.0002
3.6	0.0002	0.0002	0.0001	0.0001	0.0001	0.0001	0.0001	0.0001	0.0001	0.0001
3.7	0.0001	0.0001	0.0001	0.0001	0.0001	0.0001	0.0001	0.0001	0.0001	0.0001
3.8	0.0001	0.0001	0.0001	0.0001	0.0001	0.0001	0.0001	0.0001	0.0001	0.0001
3.9	0.0000	0.0000	0.0000	0.0000	0.0000	0.0000	0.0000	0.0000	0.0000	0.0000

D.2 χ^2 分布表

$$\int_{\chi_n^2(\alpha)}^{\infty} \frac{1}{2^{n/2}\Gamma(n/2)} x^{(n/2)-1} e^{-x/2} dx = \alpha$$

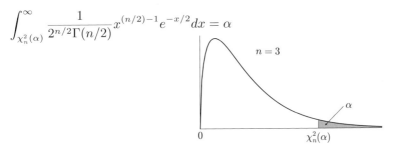

n \ α	0.99	0.975	0.95	0.90	0.10	0.05	0.025	0.01
1	0.00	0.00	0.00	0.02	2.71	3.84	5.02	6.63
2	0.02	0.05	0.10	0.21	4.61	5.99	7.38	9.21
3	0.11	0.22	0.35	0.58	6.25	7.81	9.35	11.34
4	0.30	0.48	0.71	1.06	7.78	9.49	11.14	13.28
5	0.55	0.83	1.15	1.61	9.24	11.07	12.83	15.09
6	0.87	1.24	1.64	2.20	10.64	12.59	14.45	16.81
7	1.24	1.69	2.17	2.83	12.02	14.07	16.01	18.48
8	1.65	2.18	2.73	3.49	13.36	15.51	17.53	20.09
9	2.09	2.70	3.33	4.17	14.68	16.92	19.02	21.67
10	2.56	3.25	3.94	4.87	15.99	18.31	20.48	23.21
11	3.05	3.82	4.57	5.58	17.28	19.68	21.92	24.73
12	3.57	4.40	5.23	6.30	18.55	21.03	23.34	26.22
13	4.11	5.01	5.89	7.04	19.81	22.36	24.74	27.69
14	4.66	5.63	6.57	7.79	21.06	23.68	26.12	29.14
15	5.23	6.26	7.26	8.55	22.31	25.00	27.49	30.58
16	5.81	6.91	7.96	9.31	23.54	26.30	28.85	32.00
17	6.41	7.56	8.67	10.09	24.77	27.59	30.19	33.41
18	7.01	8.23	9.39	10.86	25.99	28.87	31.53	34.81
19	7.63	8.91	10.12	11.65	27.20	30.14	32.85	36.19
20	8.26	9.59	10.85	12.44	28.41	31.41	34.17	37.57
21	8.90	10.28	11.59	13.24	29.62	32.67	35.48	38.93
22	9.54	10.98	12.34	14.04	30.81	33.92	36.78	40.29
23	10.20	11.69	13.09	14.85	32.01	35.17	38.08	41.64
24	10.86	12.40	13.85	15.66	33.20	36.42	39.36	42.98
25	11.52	13.12	14.61	16.47	34.38	37.65	40.65	44.31
26	12.20	13.84	15.38	17.29	35.56	38.89	41.92	45.64
27	12.88	14.57	16.15	18.11	36.74	40.11	43.19	46.96
28	13.56	15.31	16.93	18.94	37.92	41.34	44.46	48.28
29	14.26	16.05	17.71	19.77	39.09	42.56	45.72	49.59
30	14.95	16.79	18.49	20.60	40.26	43.77	46.98	50.89
40	22.16	24.43	26.51	29.05	51.81	55.76	59.34	63.69
60	37.48	40.48	43.19	46.46	74.40	79.08	83.30	88.38
90	61.75	65.65	69.13	73.29	107.57	113.15	118.14	124.12
120	86.92	91.57	95.70	100.62	140.23	146.57	152.21	158.95
160	121.35	126.87	131.76	137.55	183.31	190.52	196.92	204.53
200	156.43	162.73	168.28	174.84	226.02	233.99	241.06	249.45
240	191.99	198.98	205.14	212.39	268.47	277.14	284.80	293.89

D.3　t 分布表

$$\int_{t_n(\alpha)}^{\infty} \frac{\Gamma((n+1)/2)}{\sqrt{n\pi}\Gamma(n/2)} \left(1 + \frac{x^2}{n}\right)^{-(n+1)/2} dx = \alpha$$

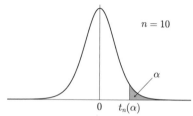

n \ α	0.10	0.05	0.025	0.01	0.005
1	3.078	6.314	12.706	31.821	63.657
2	1.886	2.920	4.303	6.965	9.925
3	1.638	2.353	3.182	4.541	5.841
4	1.533	2.132	2.776	3.747	4.604
5	1.476	2.015	2.571	3.365	4.032
6	1.440	1.943	2.447	3.143	3.707
7	1.415	1.895	2.365	2.998	3.499
8	1.397	1.860	2.306	2.896	3.355
9	1.383	1.833	2.262	2.821	3.250
10	1.372	1.812	2.228	2.764	3.169
11	1.363	1.796	2.201	2.718	3.106
12	1.356	1.782	2.179	2.681	3.055
13	1.350	1.771	2.160	2.650	3.012
14	1.345	1.761	2.145	2.624	2.977
15	1.341	1.753	2.131	2.602	2.947
16	1.337	1.746	2.120	2.583	2.921
17	1.333	1.740	2.110	2.567	2.898
18	1.330	1.734	2.101	2.552	2.878
19	1.328	1.729	2.093	2.539	2.861
20	1.325	1.725	2.086	2.528	2.845
21	1.323	1.721	2.080	2.518	2.831
22	1.321	1.717	2.074	2.508	2.819
23	1.319	1.714	2.069	2.500	2.807
24	1.318	1.711	2.064	2.492	2.797
25	1.316	1.708	2.060	2.485	2.787
26	1.315	1.706	2.056	2.479	2.779
27	1.314	1.703	2.052	2.473	2.771
28	1.313	1.701	2.048	2.467	2.763
29	1.311	1.699	2.045	2.462	2.756
30	1.310	1.697	2.042	2.457	2.750
40	1.303	1.684	2.021	2.423	2.704
60	1.296	1.671	2.000	2.390	2.660
90	1.291	1.662	1.987	2.369	2.632
120	1.289	1.658	1.980	2.358	2.617
160	1.287	1.654	1.975	2.350	2.607
200	1.286	1.653	1.972	2.345	2.601
∞	1.282	1.645	1.960	2.326	2.576

D.4 F 分布表

$$\int_{F_m^n(\alpha)}^{\infty} \frac{\Gamma((n+m)/2)n^{n/2}m^{m/2}}{\Gamma(n/2)\Gamma(m/2)} \cdot \frac{x^{(n/2)-1}}{(nx+m)^{(n+m)/2}}dx = \alpha$$

$n = 10$
$m = 20$

$0 \qquad F_m^n(\alpha)$

$\alpha = 0.05$

n＼m	1	2	3	4	5	6	7	8	9
1	161.448	18.513	10.128	7.709	6.608	5.987	5.591	5.318	5.117
2	199.500	19.000	9.552	6.944	5.786	5.143	4.737	4.459	4.256
3	215.707	19.164	9.277	6.591	5.409	4.757	4.347	4.066	3.863
4	224.583	19.247	9.117	6.388	5.192	4.534	4.120	3.838	3.633
5	230.162	19.296	9.013	6.256	5.050	4.387	3.972	3.688	3.482
6	233.986	19.330	8.941	6.163	4.950	4.284	3.866	3.581	3.374
7	236.768	19.353	8.887	6.094	4.876	4.207	3.787	3.500	3.293
8	238.883	19.371	8.845	6.041	4.818	4.147	3.726	3.438	3.230
9	240.543	19.385	8.812	5.999	4.772	4.099	3.677	3.388	3.179
10	241.882	19.396	8.786	5.964	4.735	4.060	3.637	3.347	3.137
11	242.983	19.405	8.763	5.936	4.704	4.027	3.603	3.313	3.102
12	243.906	19.413	8.745	5.912	4.678	4.000	3.575	3.284	3.073
13	244.690	19.419	8.729	5.891	4.655	3.976	3.550	3.259	3.048
14	245.364	19.424	8.715	5.873	4.636	3.956	3.529	3.237	3.025
15	245.950	19.429	8.703	5.858	4.619	3.938	3.511	3.218	3.006
16	246.464	19.433	8.692	5.844	4.604	3.922	3.494	3.202	2.989
17	246.918	19.437	8.683	5.832	4.590	3.908	3.480	3.187	2.974
18	247.323	19.440	8.675	5.821	4.579	3.896	3.467	3.173	2.960
19	247.686	19.443	8.667	5.811	4.568	3.884	3.455	3.161	2.948
20	248.013	19.446	8.660	5.803	4.558	3.874	3.445	3.150	2.936
21	248.309	19.448	8.654	5.795	4.549	3.865	3.435	3.140	2.926
22	248.579	19.450	8.648	5.787	4.541	3.856	3.426	3.131	2.917
23	248.826	19.452	8.643	5.781	4.534	3.849	3.418	3.123	2.908
24	249.052	19.454	8.639	5.774	4.527	3.841	3.410	3.115	2.900
25	249.260	19.456	8.634	5.769	4.521	3.835	3.404	3.108	2.893
26	249.453	19.457	8.630	5.763	4.515	3.829	3.397	3.102	2.886
27	249.631	19.459	8.626	5.759	4.510	3.823	3.391	3.095	2.880
28	249.797	19.460	8.623	5.754	4.505	3.818	3.386	3.090	2.874
29	249.951	19.461	8.620	5.750	4.500	3.813	3.381	3.084	2.869
30	250.095	19.462	8.617	5.746	4.496	3.808	3.376	3.079	2.864
40	251.143	19.471	8.594	5.717	4.464	3.774	3.340	3.043	2.826
50	251.774	19.476	8.581	5.699	4.444	3.754	3.319	3.020	2.803
60	252.196	19.479	8.572	5.688	4.431	3.740	3.304	3.005	2.787
120	253.253	19.487	8.549	5.658	4.398	3.705	3.267	2.967	2.748
240	253.783	19.492	8.538	5.643	4.382	3.687	3.249	2.947	2.727
∞	254.314	19.496	8.526	5.628	4.365	3.669	3.230	2.928	2.707

$$\int_{F_m^n(\alpha)}^{\infty} \frac{\Gamma((n+m)/2)n^{n/2}m^{m/2}}{\Gamma(n/2)\Gamma(m/2)} \cdot \frac{x^{(n/2)-1}}{(nx+m)^{(n+m)/2}} dx = \alpha$$

$n = 10$
$m = 20$

α

0 $\qquad F_m^n(\alpha)$

$\alpha = 0.05$

n＼m	10	12	15	20	30	40	60	120	∞
1	4.965	4.747	4.543	4.351	4.171	4.085	4.001	3.920	3.841
2	4.103	3.885	3.682	3.493	3.316	3.232	3.150	3.072	2.996
3	3.708	3.490	3.287	3.098	2.922	2.839	2.758	2.680	2.605
4	3.478	3.259	3.056	2.866	2.690	2.606	2.525	2.447	2.372
5	3.326	3.106	2.901	2.711	2.534	2.449	2.368	2.290	2.214
6	3.217	2.996	2.790	2.599	2.421	2.336	2.254	2.175	2.099
7	3.135	2.913	2.707	2.514	2.334	2.249	2.167	2.087	2.010
8	3.072	2.849	2.641	2.447	2.266	2.180	2.097	2.016	1.938
9	3.020	2.796	2.588	2.393	2.211	2.124	2.040	1.959	1.880
10	2.978	2.753	2.544	2.348	2.165	2.077	1.993	1.910	1.831
11	2.943	2.717	2.507	2.310	2.126	2.038	1.952	1.869	1.789
12	2.913	2.687	2.475	2.278	2.092	2.003	1.917	1.834	1.752
13	2.887	2.660	2.448	2.250	2.063	1.974	1.887	1.803	1.720
14	2.865	2.637	2.424	2.225	2.037	1.948	1.860	1.775	1.692
15	2.845	2.617	2.403	2.203	2.015	1.924	1.836	1.751	1.666
16	2.828	2.599	2.385	2.184	1.995	1.904	1.815	1.728	1.644
17	2.812	2.583	2.368	2.167	1.977	1.885	1.796	1.709	1.623
18	2.798	2.568	2.353	2.151	1.960	1.868	1.778	1.690	1.604
19	2.785	2.555	2.340	2.137	1.945	1.853	1.763	1.674	1.587
20	2.774	2.544	2.328	2.124	1.932	1.839	1.748	1.659	1.571
21	2.764	2.533	2.316	2.112	1.919	1.826	1.735	1.645	1.556
22	2.754	2.523	2.306	2.102	1.908	1.814	1.722	1.632	1.542
23	2.745	2.514	2.297	2.092	1.897	1.803	1.711	1.620	1.529
24	2.737	2.505	2.288	2.082	1.887	1.793	1.700	1.608	1.517
25	2.730	2.498	2.280	2.074	1.878	1.783	1.690	1.598	1.506
26	2.723	2.491	2.272	2.066	1.870	1.775	1.681	1.588	1.496
27	2.716	2.484	2.265	2.059	1.862	1.766	1.672	1.579	1.486
28	2.710	2.478	2.259	2.052	1.854	1.759	1.664	1.570	1.476
29	2.705	2.472	2.253	2.045	1.847	1.751	1.656	1.562	1.467
30	2.700	2.466	2.247	2.039	1.841	1.744	1.649	1.554	1.459
40	2.661	2.426	2.204	1.994	1.792	1.693	1.594	1.495	1.394
50	2.637	2.401	2.178	1.966	1.761	1.660	1.559	1.457	1.350
60	2.621	2.384	2.160	1.946	1.740	1.637	1.534	1.429	1.318
120	2.580	2.341	2.114	1.896	1.683	1.577	1.467	1.352	1.221
240	2.559	2.319	2.090	1.870	1.654	1.544	1.430	1.307	1.155
∞	2.538	2.296	2.066	1.843	1.622	1.509	1.389	1.254	1.000

$$\int_{F_m^n(\alpha)}^{\infty} \frac{\Gamma((n+m)/2)n^{n/2}m^{m/2}}{\Gamma(n/2)\Gamma(m/2)} \cdot \frac{x^{(n/2)-1}}{(nx+m)^{(n+m)/2}}dx = \alpha$$

$n = 10$
$m = 20$

α

0 $F_m^n(\alpha)$

$\alpha = 0.025$

m\n	1	2	3	4	5	6	7	8	9
1	647.789	38.506	17.443	12.218	10.007	8.813	8.073	7.571	7.209
2	799.500	39.000	16.044	10.649	8.434	7.260	6.542	6.059	5.715
3	864.163	39.166	15.439	9.979	7.764	6.599	5.890	5.416	5.078
4	899.583	39.248	15.101	9.605	7.388	6.227	5.523	5.053	4.718
5	921.848	39.298	14.885	9.364	7.146	5.988	5.285	4.817	4.484
6	937.111	39.332	14.735	9.197	6.978	5.820	5.119	4.652	4.320
7	948.217	39.355	14.624	9.074	6.853	5.695	4.995	4.529	4.197
8	956.656	39.373	14.540	8.980	6.757	5.600	4.899	4.433	4.102
9	963.285	39.387	14.473	8.905	6.681	5.523	4.823	4.357	4.026
10	968.627	39.398	14.419	8.844	6.619	5.461	4.761	4.295	3.964
11	973.025	39.407	14.374	8.794	6.568	5.410	4.709	4.243	3.912
12	976.708	39.415	14.337	8.751	6.525	5.366	4.666	4.200	3.868
13	979.837	39.421	14.305	8.715	6.488	5.329	4.628	4.162	3.831
14	982.528	39.427	14.277	8.684	6.456	5.297	4.596	4.130	3.798
15	984.867	39.431	14.253	8.657	6.428	5.269	4.568	4.101	3.769
16	986.919	39.435	14.232	8.633	6.403	5.244	4.543	4.076	3.744
17	988.733	39.439	14.213	8.611	6.381	5.222	4.521	4.054	3.722
18	990.349	39.442	14.196	8.592	6.362	5.202	4.501	4.034	3.701
19	991.797	39.445	14.181	8.575	6.344	5.184	4.483	4.016	3.683
20	993.103	39.448	14.167	8.560	6.329	5.168	4.467	3.999	3.667
21	994.286	39.450	14.155	8.546	6.314	5.154	4.452	3.985	3.652
22	995.362	39.453	14.144	8.533	6.301	5.141	4.439	3.971	3.638
23	996.346	39.454	14.134	8.522	6.289	5.128	4.426	3.959	3.626
24	997.249	39.456	14.124	8.511	6.278	5.117	4.415	3.947	3.614
25	998.081	39.458	14.116	8.501	6.268	5.107	4.405	3.937	3.604
26	998.849	39.459	14.107	8.492	6.258	5.097	4.395	3.927	3.594
27	999.561	39.461	14.100	8.483	6.250	5.088	4.386	3.918	3.584
28	1000.220	39.462	14.093	8.476	6.242	5.080	4.378	3.909	3.576
29	1000.840	39.463	14.087	8.468	6.234	5.072	4.370	3.901	3.568
30	1001.410	39.465	14.081	8.461	6.227	5.065	4.362	3.894	3.560
40	1005.600	39.473	14.037	8.411	6.175	5.012	4.309	3.840	3.505
50	1008.120	39.478	14.010	8.381	6.144	4.980	4.276	3.807	3.472
60	1009.800	39.481	13.992	8.360	6.123	4.959	4.254	3.784	3.449
120	1014.020	39.490	13.947	8.309	6.069	4.904	4.199	3.728	3.392
240	1016.140	39.494	13.925	8.283	6.042	4.877	4.171	3.699	3.363
∞	1018.260	39.498	13.902	8.257	6.015	4.849	4.142	3.670	3.333

$$\int_{F_m^n(\alpha)}^{\infty} \frac{\Gamma((n+m)/2)n^{n/2}m^{m/2}}{\Gamma(n/2)\Gamma(m/2)} \cdot \frac{x^{(n/2)-1}}{(nx+m)^{(n+m)/2}}dx = \alpha$$

$n = 10$
$m = 20$

α

0 $F_m^n(\alpha)$

$\alpha = 0.025$

n \ m	10	12	15	20	30	40	60	120	∞
1	6.937	6.554	6.200	5.871	5.568	5.424	5.286	5.152	5.024
2	5.456	5.096	4.765	4.461	4.182	4.051	3.925	3.805	3.689
3	4.826	4.474	4.153	3.859	3.589	3.463	3.343	3.227	3.116
4	4.468	4.121	3.804	3.515	3.250	3.126	3.008	2.894	2.786
5	4.236	3.891	3.576	3.289	3.026	2.904	2.786	2.674	2.567
6	4.072	3.728	3.415	3.128	2.867	2.744	2.627	2.515	2.408
7	3.950	3.607	3.293	3.007	2.746	2.624	2.507	2.395	2.288
8	3.855	3.512	3.199	2.913	2.651	2.529	2.412	2.299	2.192
9	3.779	3.436	3.123	2.837	2.575	2.452	2.334	2.222	2.114
10	3.717	3.374	3.060	2.774	2.511	2.388	2.270	2.157	2.048
11	3.665	3.321	3.008	2.721	2.458	2.334	2.216	2.102	1.993
12	3.621	3.277	2.963	2.676	2.412	2.288	2.169	2.055	1.945
13	3.583	3.239	2.925	2.637	2.372	2.248	2.129	2.014	1.903
14	3.550	3.206	2.891	2.603	2.338	2.213	2.093	1.977	1.866
15	3.522	3.177	2.862	2.573	2.307	2.182	2.061	1.945	1.833
16	3.496	3.152	2.836	2.547	2.280	2.154	2.033	1.916	1.803
17	3.474	3.129	2.813	2.523	2.255	2.129	2.008	1.890	1.776
18	3.453	3.108	2.792	2.501	2.233	2.107	1.985	1.866	1.751
19	3.435	3.090	2.773	2.482	2.213	2.086	1.964	1.845	1.729
20	3.419	3.073	2.756	2.464	2.195	2.068	1.944	1.825	1.708
21	3.403	3.057	2.740	2.448	2.178	2.051	1.927	1.807	1.689
22	3.390	3.043	2.726	2.434	2.163	2.035	1.911	1.790	1.672
23	3.377	3.031	2.713	2.420	2.149	2.020	1.896	1.774	1.655
24	3.365	3.019	2.701	2.408	2.136	2.007	1.882	1.760	1.640
25	3.355	3.008	2.689	2.396	2.124	1.994	1.869	1.746	1.626
26	3.345	2.998	2.679	2.385	2.112	1.983	1.857	1.733	1.612
27	3.335	2.988	2.669	2.375	2.102	1.972	1.845	1.722	1.600
28	3.327	2.979	2.660	2.366	2.092	1.962	1.835	1.710	1.588
29	3.319	2.971	2.652	2.357	2.083	1.952	1.825	1.700	1.577
30	3.311	2.963	2.644	2.349	2.074	1.943	1.815	1.690	1.566
40	3.255	2.906	2.585	2.287	2.009	1.875	1.744	1.614	1.484
50	3.221	2.871	2.549	2.249	1.968	1.832	1.699	1.565	1.428
60	3.198	2.848	2.524	2.223	1.940	1.803	1.667	1.530	1.388
120	3.140	2.787	2.461	2.156	1.866	1.724	1.581	1.433	1.268
240	3.110	2.756	2.429	2.121	1.827	1.682	1.534	1.376	1.187
∞	3.080	2.725	2.395	2.085	1.787	1.637	1.482	1.310	1.000

関連図書

各分野に分け，本書の関連図書を以下に挙げた．参考にしてほしい．

確率・統計（初学者向け）

[1] 小寺平治，『新統計入門』，裳華房，1996.

[2] 小寺平治，『明解演習 数理統計』，共立出版，1986.

統計学

[3] 赤平昌文，『統計解析入門』，森北出版，2010.

[4] 稲垣宣生，『数理統計学』，裳華房，1990.

[5] 国沢清典，『確率統計演習2 統計』，培風館，1996.

[6] 久保川達也・国友直人，『統計学』，東京大学出版会，2016.

[7] 久保川達也，『現代数理統計学の基礎』，共立出版，2017.

[8] 鈴木武・山田作太郎，『数理統計学-基礎から学ぶデータ解析-』，内田老鶴圃，1996.

[9] 日本統計学会 編，『改訂版 日本統計学会公式認定 統計検定3級対応 データの分析』，東京図書，2020.

[10] 野田一雄・宮岡悦良，『入門・演習 数理統計』，共立出版，1990.

[11] 野田一雄・宮岡悦良，『数理統計学の基礎』，共立出版，1992.

確率論

[12] Chung, K. L., *"A Course In Probability Theory"*, Academic Press, 2001.

[13] Durret, R., *"Probability: Theory and Examples"* Fifth Edition, Cambridge Univ. Press, 2019.

[14] Feller, W., *"An Introduction to Probability Theory and Its Applications"* Vol. I, John Willey, 1957.

[15] Feller, W., *"An Introduction to Probability Theory and Its Applications"* Vol. II, John Willey, 1971.

[16] Karr, A. F., *"Probability"*, Springer, 1993.

[17] 伊藤 清, 『確率論の基礎 [新版]』, 岩波書店, 2004.

[18] 佐藤 坦, 『はじめての確率論 測度から確率へ』, 共立出版, 1994.

[19] 高橋 幸雄, 『確率論』, 朝倉書店, 2008.

[20] 西尾 真喜子, 『確率論』, 実教出版, 1978.

[21] 宮沢 政清, 『確率と確率過程』, 近代科学社, 1993.

測度論

[22] Halmos, P. R., *"Measure Theory"*, Springer, 2014.

[23] Tao, T., *"An Introduction to Measure Theory"*, American Mathematical Society, 2011.

[24] 伊藤 清三, 『ルベーグ積分入門 (新装版)』, 裳華房, 2017.

[25] 志賀 徳造, 『ルベーグ積分から確率論』, 共立出版, 2000.

[26] 鶴見 茂, 『測度と積分』, 理工学社, 2004.

索　引

〈著者紹介〉

小林　正弘（こばやし　まさひろ）

2011 年　東京理科大学大学院理工学研究科情報科学専攻 博士後期課程修了
現　　在　東海大学理学部情報数理学科准教授
　　　　　博士（理学）

田畑　耕治（たはた　こうじ）

2007 年　東京理科大学大学院理工学研究科情報科学専攻 博士後期課程修了
現　　在　東京理科大学理工学部情報科学科教授
　　　　　博士（理学）

数学のかんどころ 39	著　者　小林正弘 　ⓒ 2021
	田畑耕治
確率と統計	発行者　南條光章
―から学ぶ数理統計学	発行所　**共立出版株式会社**
(*Probability and Statistics*)	〒112-0006
	東京都文京区小日向 4-6-19
2021 年 7 月 15 日　初版 1 刷発行	電話番号　03-3947-2511 （代表）
2022 年 9 月 20 日　初版 2 刷発行	振替口座　00110-2-57035

共立出版（株）ホームページ
www.kyoritsu-pub.co.jp

印　刷　大日本法令印刷

製　本　協栄製本

検印廃止
NDC 417

ISBN 978-4-320-11392-3

一般社団法人
自然科学書協会
会員

Printed in Japan

数学の かんどころ

編集委員会：飯高 茂・中村 滋・岡部恒治・桑田孝泰

【各巻：A5判・並製・税込価格】
（価格は変更される場合がございます）

www.kyoritsu-pub.co.jp　　共立出版　　https://www.facebook.com/kyoritsu.pub